Friedrich Jondral, Anne Wiesler

Wahrscheinlichkeitsrechnung und stochastische Prozesse

Grundlagen für Ingenieure und Naturwissenschaftler

Friedrich Jondral, Anne Wiesler

Wahrscheinlichkeitsrechnung und stochastische Prozesse

Grundlagen für Ingenieure und Naturwissenschaftler

2., durchgesehene und aktualisierte Auflage

Mit 47 Abbildungen,
45 Übungsaufgaben und Tabellen

Springer Fachmedien Wiesbaden GmbH

Die Deutsche Bibliothek – CIP-Einheitsaufnahme
Ein Titeldatensatz für diese Publikation ist bei
Der Deutschen Bibliothek erhältlich.

o. Prof. Dr. rer. nat. Friedrich Jondral ist Leiter des Instituts für Nachrichtentechnik der Universität Karlsruhe.
Dr.-Ing. Anne Wiesler ist Mitarbeiterin der Firma Quam in München.

1. Auflage 2000
2., durchgesehene und aktualisierte Auflage Mai 2002

Alle Rechte vorbehalten
© Springer Fachmedien Wiesbaden 2002
Ursprünglich erschienen bei B. G. Teubner Stuttgart/Leipzig/Wiesbaden, 2002
Der Teubner Verlag ist ein Unternehmen der Fachverlagsgruppe BertelsmannSpringer.
www.teubner.de

Umschlaggestaltung: Ulrike Weigel, www.CorporateDesignGroup.de

Gedruckt auf säurefreiem und chlorfrei gebleichtem Papier.

ISBN 978-3-519-16263-6   ISBN 978-3-663-01598-7 (eBook)
DOI 10.1007/978-3-663-01598-7

Vorwort

Kenntnisse aus dem Bereich der Stochastik sind für die Arbeit eines Ingenieurs, insbesondere in der Kommunikationstechnik, heute unbedingt erforderlich. In der Fakultät für Elektrotechnik und Informationstechnik der Universität Karlsruhe werden die Studierenden im dritten Semester durch die Vorlesung *Wahrscheinlichkeitstheorie* an dieses Wissensgebiet herangeführt. Das vorliegende Buch gibt den seit dem Wintersemester 1997/98 vorgetragenen Inhalt dieser Vorlesung (einschließlich der zugehörigen Übung) wieder. Der Umfang beträgt zwei Semesterwochenstunden Vorlesung und eine Semesterwochenstunde Übung.

Nach einer kurzen Einleitung werden der Wahrscheinlichkeitsraum und die bedingten Wahrscheinlichkeiten, sowie der Begriff der Zufallsvariablen eingeführt. An die Behandlung der Kennwerte von Zufallsvariablen schließt sich die Diskussion der wichtigsten speziellen Wahrscheinlichkeitsverteilungen an. Im Kapitel über mehrdimensionale Zufallsvariablen werden insbesondere der Korrelationskoeffizient und die Funktionen mehrdimensionaler Zufallsvariablen ausführlich besprochen. Die Kapitel über die Grundlagen stochastischer Prozesse und über spezielle stochastische Prozesse runden den Inhalt der Vorlesung ab. Für eine zweistündige Vorlesung mit einstündiger Übung wird also ein verhältnismäßig großes Wissensgebiet abgedeckt. Das verlangt von den Studierenden einen hohen Einsatz bei der persönlichen Erarbeitung des Stoffes. Als Beispiele und Übungsaufgaben wurden häufig Probleme aus der Nachrichtentechnik ausgewählt. Auf die Behandlung von Fragestellungen aus der Statistik (Schätz- und Testtheorie) kann an dieser Stelle verzichtet werden. Diese Themen werden in weiterführenden Vorlesungen nach dem Vordiplom aufgegriffen (z.B. Nachrichtenübertragung [Jon01] oder Statistische Nachrichtentheorie [Kro96]).

Die Herren Ralf Muche und Matthias Gauckler haben das handschriftliche Manuskript in eine für den Druck geeignete Form gebracht. Für die Neuauflage wurde diese Aufgabe von Herrn Richard Jakobi übernommen. Die druckfertigen Bilder wurden von Frau Angelika Olbrich gestaltet. Ihnen danken wir, genauso wie den Herren Dr.-Ing. Gunnar Wetzker (Eindhoven) und Dipl.-Ing. Gunther Sessler, die an vielen inhaltlichen Diskussionen beteiligt waren, für ihre Hilfe.

Abschließend bleibt noch der Wunsch, daß das Buch nicht nur von den Studierenden in der Vorlesung *Wahrscheinlichkeitstheorie*, sondern auch von anderen Studierenden und in der Praxis tätigen Ingenieuren angenommen wird. Alle Leser sind aufgerufen, ihre konstruktive Kritik zu äußern (jondral@int.uni-karlsruhe.de) und damit zur kontinuierlichen Verbesserung der Inhalte und ihrer Darstellung beizutragen.

Karlsruhe und München im März 2002
Friedrich Jondral, Anne Wiesler

Inhaltsverzeichnis

1 Einleitung

Die **Wahrscheinlichkeitstheorie** beschäftigt sich mit der Berechnung der Auftretenswahrscheinlichkeit P (Probability) **zufälliger Ereignisse**, z.B.

P {beim Würfeln fällt eine „sechs"},

P {ein neugeborenes Mädchen erreicht als Erwachsene eine

Größe von mindestens $1{,}80\,\mathrm{m}$}.

Die Wahrscheinlichkeitstheorie ist **keine** Naturwissenschaft, d.h. sie beschäftigt sich **nicht** mit physikalischen, chemischen, ingenieurwissenschaftlichen oder ähnlichen Fragestellungen. Sie dient vielmehr deren **Modellierung**. Damit ist bereits gesagt, daß am Anfang einer wahrscheinlichkeitstheoretischen Untersuchung die Schaffung eines Modells steht. Dazu gehören naturgemäß Annäherungen an die Wirklichkeit, deren Gültigkeit von Fall zu Fall nachgeprüft werden muß.

Wahrscheinlichkeitstheoretische oder, wie man auch sagt, stochastische Modelle sind gewöhnungsbedürftig. Das liegt u.a. daran, daß nicht exakt definiert werden kann, was **Zufall** ist. Darüber hinaus wird die Wahrscheinlichkeitstheorie nur dann in sich konsistent, wenn sie axiomatisch begründet wird [Kol33]. Stellt man sich jedoch auf den Standpunkt, daß es sich bei der Berechnung von Wahrscheinlichkeiten, Erwartungswerten oder Korrelationskoeffizienten um die Bestimmung von Flächen, Momenten oder Winkeln handelt, wird der Zusammenhang mit bekannten Tatsachen aus der Geometrie deutlich. Daher kann für einen Hörer einer Vorlesung über Wahrscheinlichkeitstheorie nur gelten: Machen Sie sich soweit möglich ein **Bild** über alle Begriffsbildungen und Zusammenhänge, die Ihnen präsentiert werden. Eine Theorie ist immer abstrakt, ihre Anwendung wird im allgemeinen ausgesprochen konkret.

Das vorliegende Buch soll dem Ingenieur in hinreichender Breite die Grundlagen vermitteln, die für das weitere Studium stochastischer Phänomene und für die Praxis notwendig sind. Dazu reicht die Beschäftigung mit dem Stoff auf rein anschaulicher Basis, die im übrigen heute oft bereits an den Gymnasien erfolgt, nicht mehr aus. Der Leser soll hier vielmehr mit der Begriffswelt der **Wahrscheinlichkeitstheorie** vertraut gemacht werden.

Ganz wesentlich für das mit diesem Buch verfolgte Anliegen erscheint das
Kapitel 2, in dem ausgehend vom Begriff des Ereignisses zunächst einmal die
Laplacesche Definition der Wahrscheinlichkeit behandelt wird, um den Zusammenhang zwischen Wahrscheinlichkeit und relativer Häufigkeit zu ver-
deutlichen. Danach wird herausgearbeitet, daß die Behandlung endlicher
Wahrscheinlichkeitsräume nicht ausreicht und daß auch die unmittelbare
Anschaulichkeit für eine allgemeine Definition des Wahrscheinlichkeitsbegriffs ihre Grenzen hat, wenn Wahrscheinlichkeitsräume mit überabzählbar
unendlich vielen Elementarereignissen ins Spiel kommen. Diese Überlegungen führen direkt auf die Kolmogoroffschen Axiome und die daraus resultie-
rende allgemein gültige Definition der Wahrscheinlichkeit, ohne die z.B. eine Einführung normalverteilter Zufallsvariablen eigentlich gar nicht möglich
ist.

Bevor auf dem eingeschlagenen formalen Weg fortgeschritten wird, werden
im Kapitel 3 die bedingten Wahrscheinlichkeiten und die eng damit zusam-
menhängende Unabhängigkeit von Ereignissen behandelt.

Kapitel 4 bringt die Definition der Zufallsvariablen und eine Diskussion
der unmittelbar daraus folgenden Begriffe Verteilungsfunktion und Dichte.
Durch Heranziehen der δ-Distribution wird es möglich, diskrete und stetige
Zufallsvariablen gleich zu behandeln. Anschließend werden Funktionen von
Zufallsvariablen betrachtet, mit deren Hilfe es z.B. möglich ist, die Vertei-
lungsfunktion des Betrags einer Zufallsvariablen zu ermitteln.

Das Kapitel 5 beschäftigt sich mit den Kennwerten von Zufallsvariablen.
Zunächst wird allgemein der Begriff des k-ten Moments, aus dem dann die
wichtigen Definitionen des Erwartungswerts und der Varianz abgeleitet werden, eingeführt. Danach wird die charakteristische Funktion einer Zufallsvariablen angegeben, die mathematisch gesehen eher beweistechnisch wichtig
ist. Für den Ingenieur ist jedoch der Zusammenhang zwischen Dichte und
charakteristischer Funktion wesentlich: Es handelt sich dabei um die in ihrer
Bedeutung für die Praxis nicht zu unterschätzende Fouriertransformation.

Nachdem die dafür notwendigen Begriffe eingeführt und diskutiert wurden,
können im Kapitel 6 spezielle Wahrscheinlichkeitsverteilungen mit ihren
Parametern betrachtet werden. Die hier getroffene Auswahl ist natürlich
willkürlich, beinhaltet jedoch sämtliche für die nachfolgenden Betrachtun-
gen notwendigen Verteilungen.

Das für praktische Anwendungen wichtige Kapitel 7 behandelt mehrdimensionale Zufallsvariablen, wobei besonderer Wert auf die Betrachtung zweidimensionaler Zufallsvariablen gelegt wird. Nach der Definition mehrdimen-

sionaler Verteilungsfunktionen und Dichten werden Randdichten und bedingte Dichten behandelt, mit deren Hilfe dann die Unabhängigkeit von Zufallsvariablen erklärt werden kann. Anschließend werden Funktionen mehrdimensionaler Zufallsvariablen eingeführt. Erst damit können die Verteilungsfunktionen bzw. die Dichten von Summen von Zufallsvariablen, so wie sie z.B. für den zentralen Grenzwertsatz eine Rolle spielen, berechnet werden. Nach der Untersuchung der insbesondere für die Elektrotechnik wichtigen komplexwertigen Zufallsvariablen folgt ein Abschnitt über die Transformation von Zufallszahlen, die z.B. in Simulationsuntersuchungen am Rechner benötigt werden. Die überragende Bedeutung der normalverteilten Zufallsvariablen unterstreicht ein Abschnitt über die aus ihnen abgeleiteten Zufallsvariablen. Anschließend werden die Gesetze der großen Zahlen und der zentrale Grenzwertsatz, der in vielen Anwendungen die Annahme einer Normalverteilung rechtfertigt, diskutiert.

Kapitel 8 führt in die Grundlagen stochastischer Prozesse ein. Zunächst wird eine Definition des stochastischen Prozesses gegeben und danach werden Scharmittelwerte behandelt. Nach der Einführung von Mittelwert- und Autokorrelationsfunktion können starke und schwache Stationarität erklärt werden. Dem Vergleich zweier Prozesse dient die Kreuzkorrelationsfunktion. Da in den Geräten der modernen Meß- und Übertragungstechnik alle (zufälligen) Signale im komplexen Basisband verarbeitet werden, benötigt man komplexwertige stochastische Prozesse und deren Kenngrößen. Für stationäre stochastische Prozesse lassen sich unter der Ergodenhypothese alle statistisch relevanten Größen, also insbesondere Mittelwert und Autokorrelationsfunktion, aus einer einzigen Realisierung des Prozesses gewinnen. Diesen Zusammenhang behandelt der Abschnitt über Zeitmittelwerte. Für Anwendungen in der Elektrotechnik ist das Leistungsdichtespektrum stationärer stochastischer Prozesse, das mittels Fouriertransformation aus deren Autokorrelationsfunktion berechnet wird, interessant. Schließlich werden zeitdiskrete Zufallsprozesse, die natürlich für die digitale Signalverarbeitung wichtig sind, diskutiert.

Das Kapitel 9 ist speziellen stochastischen Prozessen gewidmet. Zunächst werden das weiße Gaußsche Rauschen und seine bandbegrenzte Variante behandelt. Daran schließen ein Abschnitt über den Poissonprozeß und ein weiterer über Markoffprozesse und Markoffketten an. Den Abschluß bildet eine Betrachtung zyklostationärer Prozesse, die z.B. für die Behandlung von Modulationsverfahren eingesetzt werden.

Jedes der Kapitel 2 bis 9 wird mit einem Abschnitt beendet, der Übungsaufgaben und die zugehörigen, ausführlichen Lösungen enthält, so daß für den interessierten Leser die Kontrolle des Lernfortschritts möglich ist. Die Anhänge A bis C enthalten Informationen über Begriffe aus der Kombinatorik, über die Fouriertransformation und über die δ-Distribution, in Anhang D ist eine Tabelle der Standardnormalverteilung wiedergegeben.

Insgesamt gesehen wird der Leser durch das Studium des Buchs in die Lage versetzt, die Anwendungen stochastischer Methoden (z.B. in der Meßtechnik oder in der Nachrichtentechnik) zu beherrschen und auch weiterführende Literatur (z.B. [Hän97] oder [Böh98]) zu studieren.

Zu den in der Literaturliste aufgeführten Büchern ist folgendes zu bemerken: Natürlich haben wir dort Anleihen genommen, diese jedoch im Text kenntlich gemacht. [Fis70] und [Rén71] sind die klassischen in deutscher Sprache erschienenen Bücher zur Wahrscheinlichkeitstheorie, wobei das erste auch für Anwender ein hervorragendes Nachschlagewerk ist. [Rén71] fußt stark auf der Kolmogoroffschen Axiomatik und enthält im Anhang eine gelungene Einführung in die Informationstheorie. Auch die Bücher [Bos95] und [Hen97] sind mathematisch geprägt. Sie haben einführenden Charakter und sind daher besonders für Leser geeignet, die einen Einstieg in die Wahrscheinlichkeitstheorie suchen. Bei [Bei95], [Bei97], [Bey95] und [Web92] handelt es sich um anwendungsorientierte Werke, die sicher manchmal anschaulicher sind als das vorliegende Buch, andererseits jedoch die hier gepflegte begriffliche Strenge nicht besitzen. Das Buch, dessen Studium man eigentlich jedem Ingenieur sowohl aus didaktischer als auch aus fachlicher Sicht nur empfehlen kann ist [Pro95]. Die hier nicht weiter diskutierten im Literaturverzeichnis aufgeführten Bücher hatten auf die Erstellung des vorliegenden Textes einen weniger starken Einfluß.

2 Der Wahrscheinlichkeitsraum

Die Definition des Begriffs Wahrscheinlichkeit muß die Beschreibung von
Zufallsexperimenten, die endlich viele, abzählbar unendlich viele oder auch
überabzählbar unendlich viele verschiedene Ergebnisse zulassen, umfassen.
Unter einem **Zufallsexperiment** verstehen wir einen Versuch, dessen Ausgang im Bereich gewisser Möglichkeiten ungewiß ist und der unter Beibe-
haltung eines festen Komplexes von Randbedingungen beliebig oft wieder-
holbar ist.

2.1 Ereignisse

Definition 2.1-1

Ein endlicher Ergebnisraum *ist eine nichtleere Menge* $\Omega = \{\xi_1,
\xi_2, \ldots, \xi_N\}$. *Die Elemente* $\xi_n \in \Omega$ *heißen* **Ergebnisse**. *Jede Teilmen-
ge* $A \subset \Omega$ *wird als* **Ereignis**, *jede einelementige Teilmenge* $\{\xi_n\} \subset \Omega$
wird als **Elementarereignis** *bezeichnet. Der Ergebnisraum* Ω *und
die leere Menge* $\emptyset$ *sind stets Ereignisse,* Ω *heißt das* **sichere**, $\emptyset$ *das*
unmögliche Ereignis.

Beispiele:

(i) Das Werfen einer Münze ist ein Zufallsexperiment, dessen Ergebnisraum $\Omega = \{\text{Kopf}, \text{Zahl}\}$ ist. Die Ergebnisse sind „Kopf" und „Zahl".
Ereignisse sind die leere Menge $\emptyset$, $\{\text{Kopf}\}$, $\{\text{Zahl}\}$ und Ω, wobei $\{\text{Kopf}\}$
und $\{\text{Zahl}\}$ Elementarereignisse sind.

(ii) Ein weiteres Zufallsexperiment ist das Werfen eines Würfels, das Ergebnis eines Wurfs ist ein Elementarereignis. Ein Ereignis ist auch

$A = \{\text{die gewürfelte Augenzahl ist gerade}\}$

$= \{\text{„zwei", „vier", „sechs"}\}.$

Aus einem endlichen Ergebnisraum Ω lassen sich

1	unmögliches Ereignis (die leere Menge $\emptyset$),
$\binom{N}{1}$	einelementige Ereignisse,
$\binom{N}{2}$	zweielementige Ereignisse,
$\vdots$	
$\binom{N}{N-1}$	$(N-1)$-elementige Ereignisse und
1	N-elementiges Ereignis (der gesamte Ergebnisraum Ω)

konstruieren.

Die Menge aller Ereignisse ist hier also die Potenzmenge $\mathfrak{P}(\Omega)$ des Ergebnisraums Ω. Die Anzahl der Ereignisse ist dann

$$|\mathfrak{P}(\Omega)| = \sum_{n=0}^{N} \binom{N}{n} = 2^N.$$

Gilt $A \subset B$, ist A ein **Teilereignis** von B. Die Ereignisse A und B sind gleich ($A = B$), wenn $A \subset B$ und $B \subset A$ gilt.

Mit A und B sind auch

- der **Durchschnitt** von A und B
  $A \cap B = AB = \{\xi; \xi \in A \wedge \xi \in B\}$,

- die **Vereinigung** von A und B
  $A \cup B = \{\xi; \xi \in A \vee \xi \in B\}$,

- die **Differenz** von A und B
  $A - B = \{\xi; \xi \in A, \xi \notin B\}$

Ereignisse.

Mit A ist auch

- das **entgegengesetzte Ereignis**
  $\overline{A} = \{\xi; \xi \notin A\}$

ein Ereignis. Dieses wird auch als **Negation** oder als **Komplement von A** bezeichnet.

Die Differenz von A und B kann nun auch als

$$A - B = A\overline{B}$$

geschrieben werden.

Eine Veranschaulichung der gerade eingeführten Begriffe zeigt Bild 2.1-1.

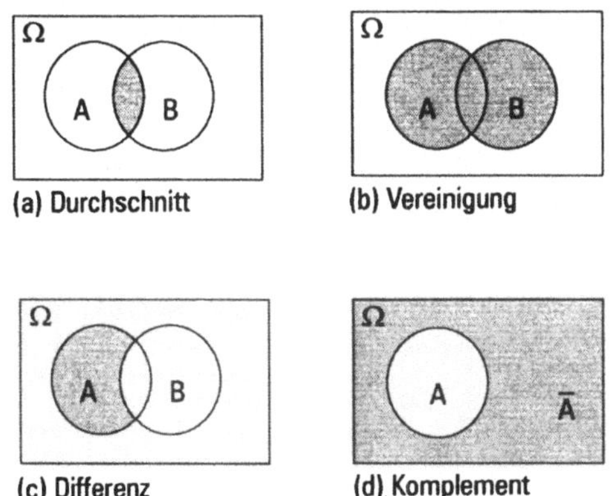

Bild 2.1-1: Relationen zwischen Ereignissen

Als einfache Übung kann man sich leicht davon überzeugen, daß für Ereignisse $A, B, C, \ldots$ die Relationen

$$A \cup A = A; \; A \cup \Omega = \Omega; \; A \cup \emptyset = A; \; A \cup B = B \cup A$$

(Kommutativität von $\cup$);

$$A \cup (B \cup C) = (A \cup B) \cup C = A \cup B \cup C$$

(Assoziativität von $\cup$);

$$A \cap A = A; \; A \cap \Omega = A; \; A \cap \emptyset = \emptyset; \; A \cap B = B \cap A$$

(Kommutativität von $\cap$);

$$A \cap (B \cap C) = (A \cap B) \cap C = A \cap B \cap C$$

(Assoziativität von $\cap$);

sowie die Distributivgesetze

$$A \cap (B \cup C) = (A \cap B) \cup (A \cap C);$$

$$A \cup (B \cap C) = (A \cup B) \cap (A \cup C)$$

gelten.

Definition 2.1-2

Sind A und B Ereignisse und gilt $AB = \emptyset$, so heißen A und B **disjunkt** *oder* **unvereinbar**.

Bild 2.1-2 skizziert die Begriffe disjunkte Ereignisse, zerlegbares Ereignis und Teilereignis.

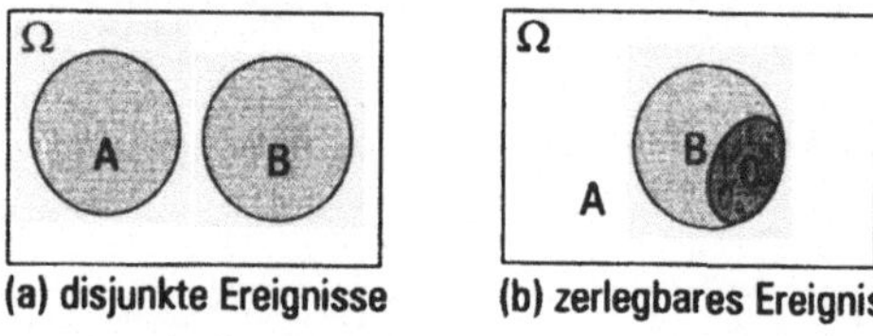

(a) disjunkte Ereignisse   (b) zerlegbares Ereignis

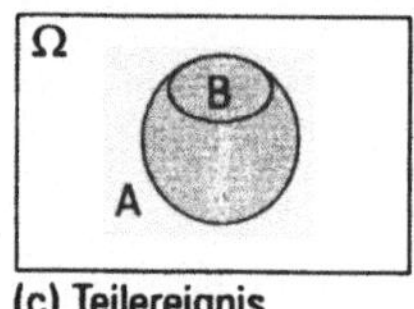

(c) Teilereignis

Bild 2.1-2: Weitere Relationen zwischen Ereignissen

Für zwei Ereignisse A und B gelten die **de MORGANschen Formeln:**

$$\overline{A \cup B} = \overline{A} \cap \overline{B} \tag{2.1-1}$$

$$\overline{A \cap B} = \overline{A} \cup \overline{B} \tag{2.1-2}$$

Die de MORGANschen Formeln lassen sich auf Durchschnitte bzw. Vereinigungen beliebig vieler Ereignisse verallgemeinern:

$$\overline{\bigcup_{t \in T} A_t} = \bigcap_{t \in T} \overline{A}_t \tag{2.1-3}$$

$$\overline{\bigcap_{t \in T} A_t} = \bigcup_{t \in T} \overline{A}_t \tag{2.1-4}$$

2.2 Die Definition der Wahrscheinlichkeit von Laplace

Definition 2.2-1

Tritt bei N unabhängigen Wiederholungen des durch $\Omega, \mathfrak{P}(\Omega)$ beschriebenen Zufallsexperiments $A \in \mathfrak{P}(\Omega)$ genau $h_N(A)$-mal ein, heißen $h_N(A)$ **die absolute Häufigkeit** *und*

$$H_N(A) = \frac{h_N(A)}{N} \qquad (2.2\text{-}1)$$

die **relative Häufigkeit** *von A in N Versuchen.*

Beispiel [Bey95]: Ein idealer Würfel wird $N = 100$ mal geworfen. Die Augenzahlen k treten dabei mit folgenden Häufigkeiten auf:

k	1	2	3	4	5	6
$h_N(k)$	13	20	11	19	21	16

Zu bestimmen sind die relativen Häufigkeiten von

$A=\{$es wird die Augenzahl 2 geworfen$\}$,

$B=\{$es wird mindestens die Augenzahl 4 geworfen$\}$,

$C=\{$es wird eine gerade Augenzahl geworfen$\}$.

Die relativen Häufigkeiten ergeben sich zu

$$H_N(A) = \frac{20}{100} = 0{,}2;$$

$$H_N(B) = \frac{19 + 21 + 16}{100} = \frac{56}{100} = 0{,}56;$$

$$H_N(C) = \frac{20 + 19 + 16}{100} = \frac{55}{100} = 0{,}55.$$

Hieraus folgt

$$H_N(\overline{A}) = 0{,}8 = 1 - 0{,}2 = 1 - H_N(A);$$

$$H_N(A \cup B) = 0{,}2 + 0{,}56 = 0{,}76$$
$$= H_N(A) + H_N(B), \text{ da } AB = \emptyset;$$

$$H_N(B \cup C) = 0{,}56 + 0{,}55 - 0{,}35 = 0{,}76$$

$$= H_N(B) + H_N(C) - H_N(BC).$$

Die relative Häufigkeit hat folgende **Eigenschaften:**

(i) $\qquad \forall A \in \mathfrak{P}(\Omega)\colon 0 \leq H_N(A) \leq 1$ $\qquad\qquad$ (2.2-2)

(ii) $\qquad\qquad H_N(\Omega) = 1$ $\qquad\qquad$ (2.2-3)

(iii) $\qquad \forall A, B \in \mathfrak{P}(\Omega)$ mit $AB = \emptyset$:

$$H_N(A \cup B) = H_N(A) + H_N(B) \qquad\qquad (2.2\text{-}4)$$

Folgerungen:

(i) $\qquad \forall A \in \mathfrak{P}(\Omega)\colon H_N(\overline{A}) = 1 - H_N(A)$ $\qquad\qquad$ (2.2-5)

(ii) $\qquad \forall A, B \in \mathfrak{P}(\Omega)$:

$$H_N(A \cup B) = H_N(A) + H_N(B) - H_N(AB) \qquad\qquad (2.2\text{-}6)$$

Bemerkung:

Da $H_N(A)$ auf der Basis von N Versuchen berechnet wird, ist es nicht zulässig, aus $H_N(A) = 1$ (bzw. $H_N(A) = 0$) auf $A = \Omega$ (bzw. $A = \emptyset$) zu schließen!

Definition 2.2-2

Treten alle Elementarereignisse $\{\xi_n\}; n = 1, 2, \ldots, N;$ eines endlichen Ergebnisraums $\Omega = \{\xi_1, \xi_2, \ldots, \xi_N\}$ gleich häufig auf, ist das zugehörige Zufallsexperiment ein **Laplacesches Zufallsexperiment.**

Für Laplacesche Zufallsexperimente kann der Wahrscheinlichkeitsbegriff wie folgt eingeführt werden:

Definition 2.2-3

In einem Laplaceschen Zufallsexperiment ist

$$P(A) = \frac{\textit{Anzahl der Elementarereignisse } \{\xi_n\} \subset A}{\textit{Gesamtzahl der Elementarereignisse}} \qquad\qquad (2.2\text{-}7)$$

die **Wahrscheinlichkeit des Ereignisses A.**

Bemerkung:

Es gilt immer $P(A) = \frac{k}{N}$ mit $k \in \mathbb{N} \cup \{0\}$ und $0 \leq k \leq N$.

Mit der Laplaceschen Definition der Wahrscheinlichkeit lassen sich alle wahrscheinlichkeitstheoretischen Aufgaben lösen, die auf kombinatorischen Überlegungen beruhen (Würfel, Lotto). Wir betrachten hier nur folgendes

Beispiel: Eine Urne enthält N (bis auf die Farbe) gleiche Kugeln, von denen M rot und $N - M$ weiß sind. Aus der Urne werden zufällig n Kugeln gezogen.

Frage: Wie groß ist die Wahrscheinlichkeit $P(A)$ dafür, daß unter den n gezogenen Kugeln k rote und $n - k$ weiße sind?

Antwort: Da n Kugeln auf $\binom{N}{n}$ verschiedene Arten aus N Kugeln ausgewählt werden können, ist $\binom{N}{n}$ die Gesamtzahl der Elementarereignisse.

Es bleibt die Frage nach der Anzahl der Elementarereignisse, die Teilmenge von A sind: Aus den M roten Kugeln können k auf $\binom{M}{k}$ Arten ausgewählt werden. Entsprechendes gilt für die Auswahl von $n-k$ aus den $N-M$ weißen Kugeln, so daß damit aus (2.2-7) für die gesuchte Wahrscheinlichkeit folgt (vergleiche auch (6.5-1)):

$$P_k = \frac{\binom{M}{k}\binom{N-M}{n-k}}{\binom{N}{n}}$$

2.3 Die Definition der Wahrscheinlichkeit von Kolmogoroff

Für eine allgemeine Erklärung des Begriffs Wahrscheinlichkeit ist die Definition 2.2-3 wegen der Einschränkung auf Laplacesche Zufallsexperimente (endlicher Ergebnisraum Ω mit gleichwahrscheinlichen Elementarereignissen) nicht brauchbar.

Beispiele:

(i) Wir beobachten ein Zufallsexperiment, das die Anzahl der in einer Telefonzentrale eingehenden Anrufe über dem Zeitintervall $[0, T]$ zählt.

Ereignisse sind hier z.B.

$A_k = \{$in $[0, T]$ treffen genau k Anrufe ein$\}$, $k = 1, 2, \dots$.

(ii) Ein anderes Zufallsexperiment ist die Messung der Spannung an einem rauschenden Widerstand. In diesem Fall sind z.B. alle Mengen

$A_x = \{$die Spannung erreicht den Wert x Volt,

$-\infty < x < \infty\}$

Ereignisse.

In diesen beiden Beispielen ist der Ergebnisraum Ω nicht mehr endlich, sondern abzählbar (i) oder sogar überabzählbar (ii) unendlich. Während im Fall eines abzählbar unendlichen Ergebnisraums die Menge aller Ereignisse wie im endlichen Fall die Potenzmenge $\mathfrak{P}(\Omega)$ ist, ergibt sich für überabzählbar unendliche Ergebnisräume folgendes Problem: Es existieren in diesem Fall überabzählbar viele Elementarereignisse. Wird allen diesen eine positive Wahrscheinlichkeit zugeschrieben, divergiert die Summe über alle diese Wahrscheinlichkeiten. Daher beschränkt man sich darauf, die Wahrscheinlichkeit nur auf gewissen Teilmengen von $\mathfrak{P}(\Omega)$ zu definieren. Das System dieser Teilmengen muß bestimmte Eigenschaften besitzen.

Definition 2.3-1

Ein nichtleeres System $\mathfrak{B}$ von Teilmengen eines Ergebnisraums Ω heißt σ-Algebra (über Ω), wenn gilt

$$(i) \qquad A \in \mathfrak{B} \Rightarrow \overline{A} \in \mathfrak{B}, \qquad\qquad (2.3\text{-}1)$$

$$(ii) \qquad A_n \in \mathfrak{B}; n = 1, 2, \ldots; \Rightarrow \bigcup_{n=1}^{\infty} A_n \in \mathfrak{B}. \qquad (2.3\text{-}2)$$

Bemerkungen:

(i) Ω und $\emptyset$ liegen stets in $\mathfrak{B}$, da für jedes $A \in \mathfrak{B}$ gilt $\overline{A} \in \mathfrak{B}$ und mit (2.3-2) zunächst $A \cup \overline{A} = \Omega \in \mathfrak{B}$ und daraus mit (2.3-1) $\overline{\Omega} = \emptyset \in \mathfrak{B}$ folgt.

(ii) Aufgrund der de MORGANschen Formeln und wegen (2.3-1) ist eine σ-Algebra auch gegen abzählbare Durchschnittsbildung abgeschlossen:

$$A_n \in \mathfrak{B}; n = 1, 2, \ldots; \Rightarrow \bigcap_{n=1}^{\infty} A_n \in \mathfrak{B} \qquad (2.3\text{-}3)$$

Somit läßt sich aus jedem Teilsystem $M \subset \mathfrak{P}(\Omega)$ eindeutig eine σ-Algebra $\mathfrak{B} = \mathfrak{B}(M)$, nämlich **die von M erzeugte σ-Algebra**, konstruieren, für die gilt:

(i) $\mathfrak{B}(M) \supset M$

(ii) Ist $\mathfrak{B}' \supset M$ eine σ-Algebra
$\Rightarrow \mathfrak{B}' \supset \mathfrak{B}(M)$,
d.h. $\mathfrak{B} = \mathfrak{B}(M)$ ist die kleinste σ-Algebra, die M enthält.

Ein Beispiel einer σ-Algebra eines endlichen Ergebnisraumes $\Omega = \{\xi_1, \ldots, \xi_N\}$ ist die Potenzmenge von Ω: $\mathfrak{B} = \mathfrak{P}(\Omega)$. Dies ist für das Würfelexperiment in Bild 2.3-1 gezeigt.

$$\mathfrak{B} = \Big\{ \{⚀\}, \{⚁\}, \ldots, \{⚅\};$$
$$\{⚀,⚁\}, \{⚀,⚂\}, \ldots, \{⚄,⚅\};$$
$$\{⚀,⚁,⚂\}, \ldots, \{⚃,⚄,⚅\};$$
$$\vdots$$
$$\{⚀,⚁,⚂,⚃,⚄,⚅\}, \varnothing \Big\}$$

$$|\mathfrak{B}| = 2^6 = 64$$

Bild 2.3-1: σ-Algebra des Würfelexperiments (einmaliger Wurf)

Ein wichtiges Beispiel einer σ-Algebra über dem überabzählbaren Ergebnisraum $\Omega = \mathbb{R}$ ist die aus der Menge der halboffenen Intervalle $O = \{(a, b] \subset \mathbb{R}\}$ erzeugte σ-Algebra $\mathfrak{B}(O)$. Sie wird auch **Borelsche σ-Algebra** genannt.

Zur Einführung des Wahrscheinlichkeitsbegriffs nach Kolmogoroff benötigen wir noch folgende

Definition 2.3-2

Ein höchstens abzählbares System $\{A_n \in \mathfrak{B} : A_k A_n = \emptyset, k \neq n\}$ *heißt* **vollständige Ereignisdisjunktion** *(im engeren Sinne), wenn gilt*
$$\bigcup_{n=1}^{\infty} A_n = \Omega.$$

Bemerkungen:

(i) Für die Vereinigung disjunkter Mengen schreibt man häufig

$$\bigcup_{n=1}^{\infty} A_n = \sum_{n=1}^{\infty} A_n \qquad (\text{bzw. } A \cup B = A + B).$$

(ii) Jede höchstens abzählbare Vereinigung läßt sich auch als Vereinigung disjunkter Mengen schreiben.

Der russische Mathematiker Kolmogoroff hat mit seiner 1933 erschienenen bahnbrechenden Arbeit [Kol33] einen **axiomatischen Weg** zum Aufbau der Wahrscheinlichkeitstheorie beschritten. Aus Aufwandsgründen konnten und wollten wir hier diesen axiomatischen Aufbau der Wahrscheinlichkeitstheorie nicht vollständig nachzeichnen. Wir beziehen uns im folgenden aber grundsätzlich auf die Kolmogoroffschen Axiome und auf seine Definition der Wahrscheinlichkeit (Definition 2.3-3), die im übrigen die Laplacesche Definition als Spezialfall enthält.

Kolmogoroffsche Axiome:

Gegeben seien ein Ergebnisraum Ω und eine geeignete σ-Algebra $\mathfrak{B}$ über Ω. Die Elemente von $\mathfrak{B}$ sind also die Ereignisse des Zufallsexperiments. Eine Funktion P, die jedem Ereignis $A \in \mathfrak{B}$ eine reelle Zahl zuordnet, erfülle

Axiom 1:	$\forall A \in \mathfrak{B}: P(A) \geq 0$	(2.3-4)
Axiom 2:	$P(\Omega) = 1$	(2.3-5)

Axiom 3: Für paarweise disjunkte Ereignisse $A_n \in \mathfrak{B}$; $n = 1, 2, \ldots$; gilt

$$P\left(\sum_{n=1}^{\infty} A_n\right) = \sum_{n=1}^{\infty} P(A_n). \tag{2.3-6}$$

Bemerkung:

Ersetzt man das dritte Axiom durch die Forderung, daß für disjunkte Ereignisse $A, B \in \mathfrak{B}$

$$P(A + B) = P(A) + P(B) \tag{2.3-7}$$

gelten soll, wird klar, daß es sich bei den Kolmogoroffschen Axiomen um Abstraktionen der Eigenschaften (2.2-2) bis (2.2-4) relativer Häufigkeiten handelt. Axiom 3 ist eine sinnvolle Erweiterung der Forderung (2.3-7).

Definition 2.3-3

$P(A)$ *heißt* **Wahrscheinlichkeit des Ereignisses** A.

Damit kann für jedes Zufallsexperiment mit der Ergebnismenge Ω, einer geeigneten σ-Algebra $\mathfrak{B}$ über Ω und der Wahrscheinlichkeit aus Definition 2.3-3 ein **Wahrscheinlichkeitsraum** $(\Omega, \mathfrak{B}, P)$ zur Modellierung des Zufallsexperimentes gefunden werden.

Satz 2.3-1

$$\text{(i)} \qquad P(\emptyset) = 0 \qquad\qquad (2.3\text{-}8)$$

$$\text{(ii)} \qquad P(\overline{A}) = 1 - P(A) \qquad\qquad (2.3\text{-}9)$$

$$\text{(iii)} \qquad P(A \cup B) = P(A) + P(B) - P(AB) \qquad\qquad (2.3\text{-}10)$$

Beweis:

zu (i): $\emptyset \in \mathfrak{B} \Rightarrow P(\emptyset) \geq 0$ existiert (Axiom 1).
Sei $A \neq \emptyset$ aus $\mathfrak{B} \Rightarrow A \cup \emptyset = A \in \mathfrak{B}$. Ferner gilt $A \cap \emptyset = \emptyset$,
woraus mit Axiom 3 folgt:
$$P(A \cup \emptyset) = P(A) + P(\emptyset) - P(A \cap \emptyset) = P(A) \Rightarrow P(\emptyset) = 0$$

zu (ii): $A \in \mathfrak{B} \Rightarrow \overline{A} \in \mathfrak{B} \Rightarrow P(\overline{A}) \geq 0$ existiert.
$$A \cap \overline{A} = \emptyset \Rightarrow P(A \cup \overline{A}) = P(A) + P(\overline{A}) =$$
$$= P(\Omega) = 1 \Leftrightarrow P(\overline{A}) = 1 - P(A)$$

zu (iii): Es gilt $A \cup B = (A\overline{B}) \cup (AB) \cup (\overline{A}B)$ und die drei rechts stehenden
Ereignisse sind paarweise disjunkt. Daher gilt nach Axiom 3

$$P(A \cup B) = P(A\overline{B}) + P(AB) + P(\overline{A}B). \qquad\qquad (2.3\text{-}11)$$

Genauso gilt wegen $A = (AB) \cup (A\overline{B})$

$$P(A) = P(AB) + P(A\overline{B}) \qquad\qquad (2.3\text{-}12)$$

und wegen $B = (AB) \cup (\overline{A}B)$

$$P(B) = P(AB) + P(\overline{A}B). \qquad\qquad (2.3\text{-}13)$$

Einsetzen der Gleichungen (2.3-12) und (2.3-13) in (2.3-11) liefert

$$P(A \cup B) = P(A) - P(AB) + P(AB)$$
$$+ P(B) - P(AB)$$
$$= P(A) + P(B) - P(AB).$$

Bemerkung:

Für die Wahrscheinlichkeit gilt $0 \leq P(A) \leq 1 \; \forall A \in \mathfrak{B}$.

Satz 2.3-2

Für eine vollständige Ereignisdisjunktion $\{A_n \in \mathfrak{B} : A_k A_n = \emptyset, k \neq n\}$ *folgt*

$$P\left(\sum_{n=1}^{\infty} A_n\right) = P(\Omega) = 1. \tag{2.3-14}$$

Beweis: (2.3-14) folgt direkt aus Axiom 2.

Satz 2.3-3

$$A, B \in \mathfrak{B} \; mit \; B \subset A \Rightarrow P(B) \leq P(A) \tag{2.3-15}$$

Beweis:

$A = B \cup (A\overline{B})$ und die rechts stehenden Mengen sind disjunkt. Mit Axiom 3 folgt $P(A) = P(B) + P(A\overline{B}) \Rightarrow P(B) \leq P(A)$, weil (Axiom 1) $P(A\overline{B}) \geq 0$.

2.4   Übungsaufgaben

Zur Lösung der Übungsaufgaben ist die Beachtung von Anhang A hilfreich.

Aufgabe 2.1

Drei Bits werden über einen digitalen Nachrichtenkanal übertragen. Jedes Bit kann verfälscht oder richtig empfangen werden.

a) Geben Sie den Ergebnisraum Ω an.

b) Wieviele Elemente besitzt Ω?

c) Es sei $A_i = \{i\text{-tes Bit ist verfälscht}\}$; $i = 1, 2, 3$. Geben Sie A_1 an.

d) Stellen Sie folgende Ereignisse mit Hilfe der A_i und passender Mengenoperationen dar:

$$B_1 = \{\text{alle Bits sind verfälscht}\}$$
$$B_2 = \{\text{mindestens ein Bit ist verfälscht}\}$$
$$B_3 = \{\text{kein Bit ist verfälscht}\}$$
$$B_4 = \{\text{höchstens ein Bit ist verfälscht}\}$$

e) Beschreiben Sie verbal folgende Ereignisse:

$$C_1 = A_1 \cap (\overline{A_2 \cap A_3})$$
$$C_2 = (\overline{A_3} \cap A_1 \cap A_2) \cup (\overline{A_2} \cap A_1 \cap A_3)$$
$$\cup (\overline{A_1} \cap A_2 \cap A_3)$$

---

a)
$$\Omega = \{(b_1, b_2, b_3); b_i \in \{V(\text{verfälscht}), R(\text{richtig})\}$$
$$\text{für } i = 1, 2, 3\}$$

b)
$$|\Omega| = 2^3 = 8$$

$$\Omega = \{(V,V,V), (V,R,V), (V,R,R), (V,V,R),$$
$$(R,V,V), (R,R,V), (R,V,R), (R,R,R)\}$$

c)
$$A_1 = \{(V, b_2, b_3); b_i \in \{V, R\} \text{ für } i = 2, 3\}$$
$$= \{(V,R,R), (V,V,V), (V,R,V), (V,V,R)\}$$

d)
$$B_1 = A_1 \cap A_2 \cap A_3 = \{(V,V,V)\}$$

$$B_2 = A_1 \cup A_2 \cup A_3$$
$$= \{(V,V,V), (V,R,V), (V,R,R), (V,V,R),$$
$$(R,V,V), (R,R,V), (R,V,R)\}$$

$$B_3 = \overline{B_2} = \overline{A_1} \cap \overline{A_2} \cap \overline{A_3}$$
$$= \{(R,R,R)\}$$

$$B_4 = (A_1 \cap \overline{A_2} \cap \overline{A_3}) \cup (A_2 \cap \overline{A_1} \cap \overline{A_3})$$
$$\cup (A_3 \cap \overline{A_1} \cap \overline{A_2}) \cup (\overline{A_1} \cap \overline{A_2} \cap \overline{A_3})$$
$$= \{(V,R,R), (R,V,R), (R,R,V), (R,R,R)\}$$

e) $C_1 = A_1 \cap (\overline{A_2} \cup \overline{A_3})$

$\qquad = \{$Das erste Bit ist verfälscht und von den

$\qquad\quad$ anderen beiden ist höchstens eines verfälscht$\}$

$\qquad = \{(V, R, V), (V, V, R), (V, R, R)\}$

$C_2 = \{$genau zwei Bits sind verfälscht$\}$

$\qquad = \{$genau ein Bit ist richtig$\}$

$\qquad = \{(V, V, R), (V, R, V), (R, V, V)\}$

Aufgabe 2.2

Es sei $\Omega = \{1, 2, 3, 4\}$ gegeben.

a) Welche der folgenden Mengensysteme sind σ-Algebren?

$$A = \{\emptyset, \Omega\}$$
$$B = \{\emptyset, \Omega, \{1\}, \{2, 3\}, \{4\}\}$$
$$C = \{\emptyset, \Omega, \{1, 2\}, \{3, 4\}\}$$

b) Geben Sie die kleinste σ-Algebra über Ω an, in der die Mengen $\{1\}$ und $\{2\}$ enthalten sind.

c) Geben Sie die σ-Algebra des zu Ω gehörigen Laplaceschen Zufallsexperiments an.

---

a)   – Da $\overline{\emptyset} = \Omega$ bzw. $\overline{\Omega} = \emptyset$ und $\emptyset \cup \Omega = \Omega$ gilt, ist A eine σ-Algebra.

   – Zu $\{1\}$ muß auch $\overline{\{1\}} = \{2, 3, 4\}$ in der σ-Algebra liegen. Dies ist nicht der Fall, daher ist B keine σ-Algebra.

   – C ist eine σ-Algebra, da mit $\{1, 2\}$, $\overline{\{1, 2\}} = \{3, 4\}$ und $\{1, 2, 3, 4\} = \Omega$ usw. in der σ-Algebra liegen.

b) $\mathfrak{D} = \{\emptyset, \Omega, \{1\}, \{2\}, \{1, 2\}, \{2, 3, 4\}, \{1, 3, 4\}, \{3, 4\}\}$

c) $\mathfrak{E} = \mathfrak{P}(\Omega) = \{\emptyset, \Omega, \{1\}, \{2\}, \{3\}, \{4\},$
$\{2,3,4\}, \{1,3,4\}, \{1,2,4\}, \{1,2,3\},$
$\{1,2\}, \{1,3\}, \{1,4\}, \{2,3\}, \{2,4\}, \{3,4\}\}$

Aufgabe 2.3

a) In dem aus vier Rechnern bestehenden Rechnernetz aus Bild 2.4-1 fallen zufällig zwei Verbindungen V_i aus. Wie groß ist die Wahrscheinlichkeit, daß trotz des Ausfalls noch drei Rechner miteinander verbunden sind?
Bemerkung: Alle Verbindungen haben die selbe Ausfallswahrscheinlichkeit.

b) Wie groß ist die Wahrscheinlichkeit, daß im Rechnernetz aus Bild 2.4-2 alle Rechner noch verbunden sind, wenn höchstens drei Verbindungen ausfallen?
Bemerkung: Alle möglichen Ausfälle haben die selbe Wahrscheinlichkeit (Laplacesches Zufallsexperiment).

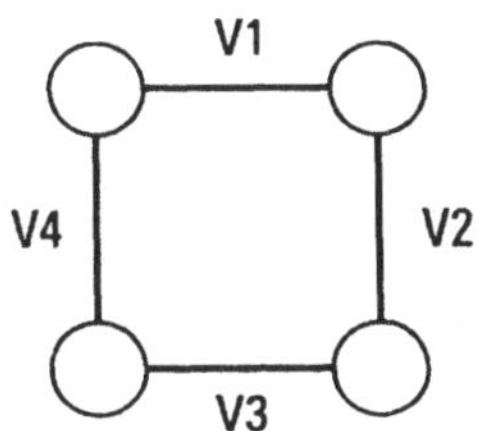

Bild 2.4-1: Netzwerk 1

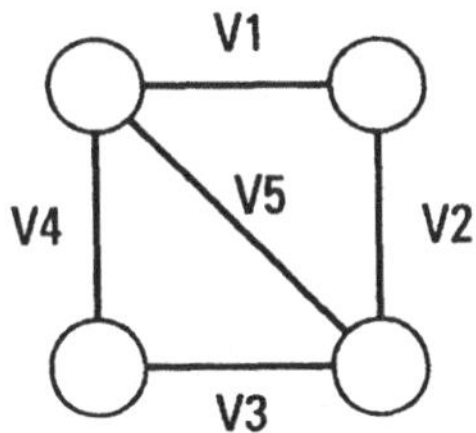

Bild 2.4-2: Netzwerk 2

a) Der Ergebnisraum Ω enthält alle möglichen Kombinationen von zwei Ausfällen der vier Verbindungen.

$$\Omega = \{(V_i, V_k); i, k \in \{1, \ldots, 4\}; i < k\}$$

$$|\Omega| = \binom{4}{2} = 6$$

Es sind genau dann noch drei Rechner miteinander verbunden, wenn zwei nebeneinander liegende Verbindungen ausfallen.

$$A = \{(V_1, V_2), (V_2, V_3), (V_3, V_4), (V_4, V_1)\}$$

$$|A| = 4$$

$$\Rightarrow P(A) = \frac{|A|}{|\Omega|} = \frac{4}{6} = \frac{2}{3}$$

b) Der Ergebnisraum Ω setzt sich aus den möglichen Ausfällen keiner, einer, zweier oder dreier Verbindungen zusammen:

$$\Omega = \{(V_{i_1}, \ldots, V_{i_N}); N \in \{1, 2, 3\}; i_j \in \{1, \ldots, 5\}$$
$$\forall j \in \{1, \ldots, N\}; i_1 < i_2 < \cdots < i_N\}$$
$$\cup \{\text{keine Ausfälle}\}$$

Entsprechend ergibt sich

$$|\Omega| = \binom{5}{1} + \binom{5}{2} + \binom{5}{3} + 1 = 26.$$

Fällt nur eine Verbindung aus, so sind immer noch alle Rechner verbunden.

Bei zwei Ausfällen dürfen nur bestimmte Kombinationen von Verbindungen ausfallen und bei drei Ausfällen gibt es keine Möglichkeit mehr, daß alle Rechner in Verbindung bleiben:

$$\overline{A} = \{(V_1, V_2), (V_3, V_4)\} + \{(V_i, V_j, V_k);$$

$$i, j, k \in \{1, \ldots, 5\} \text{ und } i < j < k\}$$

$$|\overline{A}| = 2 + \binom{5}{3} = 12$$

$$P(A) = 1 - P(\overline{A}) = 1 - \frac{12}{26} = \frac{14}{26} \approx 0{,}538$$

Aufgabe 2.4

Welches der folgenden Ereignisse ist wahrscheinlicher:

a) Bei vier Würfen mit einem Würfel mindestens eine sechs zu erhalten
   oder

b) bei 24 Würfen mit zwei Würfeln mindestens eine Doppelsechs zu erhalten?

---

a)
$$\Omega = \{(a_1, \ldots, a_4); a_i \in \{1, \ldots, 6\}\}$$
$$A_1 = \{(a_1, \ldots, a_4) \in \Omega; \text{ mindestens ein } a_i = 6\}$$
$$\overline{A_1} = \{(a_1, \ldots, a_4) \in \Omega; a_i \neq 6 \,\forall\, i\}$$

Vier mal würfeln entspricht der Auswahl von insgesamt 4 aus 6 verschiedenen Elementen mit Wiederholung (unter der Berücksichtigung der Reihenfolge!).

$$\Rightarrow |\Omega| = 6^4 \quad (4 \times \text{Würfeln mit Ergebnissen von } 1, \ldots, 6)$$

$$\Rightarrow |\overline{A_1}| = 5^4 \quad (4 \times \text{Würfeln mit Ergebnissen } 1, \ldots, 5)$$

$$\overset{\text{mit (2.3-9)}}{\Longrightarrow} P(A_1) = 1 - P(\overline{A_1}) = 1 - \frac{5^4}{6^4} \approx 0{,}518$$

b)
$$\Omega = \{(b_1, \ldots, b_{24}); b_j = (k, l) \text{ für } j = 1, \ldots, 24;$$

$$k, l \in \{1, \ldots, 6\}\}$$

$$A_2 = \{(b_1, \ldots, b_{24}); \; b_j = (k, l) \text{ für } j = 1, \ldots, 24;$$

$$\text{mindestens ein } b_j = \{6, 6\}\}$$

$$\overline{A_2} = \{(b_1, \ldots, b_{24}); \; b_j = (k, l) \text{ für } j = 1, \ldots, 24;$$

$$b_j \neq \{6, 6\} \, \forall \, j\}$$

$\Rightarrow$ Bei jedem einzelnen Wurf mit 2 Würfeln gibt es

$$6^2 = 36 \text{ mögliche } b_i$$

$\Rightarrow |\Omega| = 36^{24}$ (24 Würfe mit 36 möglichen Ergebnissen)

$\Rightarrow |\overline{A_2}| = 35^{24}$ (24 Würfe ohne Doppelsechs)

$$\overset{\text{mit (2.3-9)}}{\Longrightarrow} \quad P(A_2) = 1 - P(\overline{A_2})$$

$$= 1 - \frac{35^{24}}{36^{24}} \approx 0{,}491$$

Das Ereignis a) ist wahrscheinlicher.

Aufgabe 2.5

Beim Lottospiel werden ohne Zurücklegen 6 Zahlen aus 49 gezogen. Berechnen Sie folgende Wahrscheinlichkeiten:

a) Alle 6 Gewinnzahlen richtig zu tippen.

b) Genau 5 richtige Gewinnzahlen zu tippen.

c) Mindestens 3 richtige Gewinnzahlen zu tippen.

d) Die Zahl 13 gehört zu den Gewinnzahlen.

e) Alle sechs Gewinnzahlen sind gerade.

f) Es gibt genauso viele gerade wie ungerade Gewinnzahlen.

$$\Omega = \{(a_1, \ldots, a_6); a_i \in \{1, \ldots, 49\}, a_1 < a_2 < \ldots < a_6\}$$

Modell: Kombination - Eine Auswahl von 6 Elementen aus 49 Elementen ohne Beachtung der Reihenfolge

$$|\Omega| = \binom{49}{6} = 13983816$$

a) $|A_6| = \binom{6}{6} \cdot \binom{43}{0} = 1 \Rightarrow P(A_6) = \dfrac{1}{|\Omega|} \approx 7,15 \cdot 10^{-8}$

b) $|A_5| = \binom{6}{5} \cdot \binom{43}{1} = 258 \Rightarrow P(A_5) = \dfrac{258}{|\Omega|} \approx 1,845 \cdot 10^{-5}$

c) $\qquad B = \{\text{mindestens 3 richtig}\} = A_6 \cup A_5 \cup A_4 \cup A_3$

A_i sind paarweise disjunkt: Definition 2.1-3

$$\Rightarrow P(B) = P(A_6 \cup A_5 \cup A_4 \cup A_3)$$

$$= P(A_6) + P(A_5) + P(A_4) + P(A_3)$$

$$P(A_4) = \frac{\binom{6}{4} \cdot \binom{43}{2}}{\binom{49}{6}} = \frac{13545}{13983816} \approx 9,69 \cdot 10^{-4}$$

$$P(A_3) = \frac{\binom{6}{3} \cdot \binom{43}{3}}{\binom{49}{6}} = \frac{246820}{13983816} \approx 0,01765$$

$$\Rightarrow P(B) = P(A_6) + P(A_5) + P(A_4) + P(A_3)$$

$$\approx 0,018637545$$

d) $\qquad C = \{13 \text{ gehört zu den Gewinnzahlen}\}$

$$\overline{C} = \{13 \text{ gehört nicht zu den Gewinnzahlen}\}$$

$$|\overline{C}| = \binom{48}{6}$$

$$P(C) = 1 - P(\overline{C}) = 1 - \frac{\binom{48}{6}}{\binom{49}{6}} = 1 - \frac{43}{49} \approx 0,1224$$

e) Es gibt 25 ungerade und 24 gerade Lotto-Zahlen.

P(nur gerade Gewinnzahlen)=$\dfrac{\binom{24}{6}}{\binom{49}{6}} \approx 0{,}00963$

f) P(nur ungerade Gewinnzahlen)=$\dfrac{\binom{25}{6}}{\binom{49}{6}} \approx 0{,}012665$

P(drei gerade, drei ungerade)=$\dfrac{\binom{25}{3}\cdot\binom{24}{3}}{\binom{49}{6}} \approx 0{,}3329$

Aufgabe 2.6

Ein elektronisches Schaltwerk besteht aus 5 Relais $(1, \ldots, 5)$. Jedes Relais ist mit der Wahrscheinlichkeit 0,5 geschlossen.

Mit welcher Wahrscheinlichkeit kann ein Strom vom Eingang E zum Ausgang A fließen?

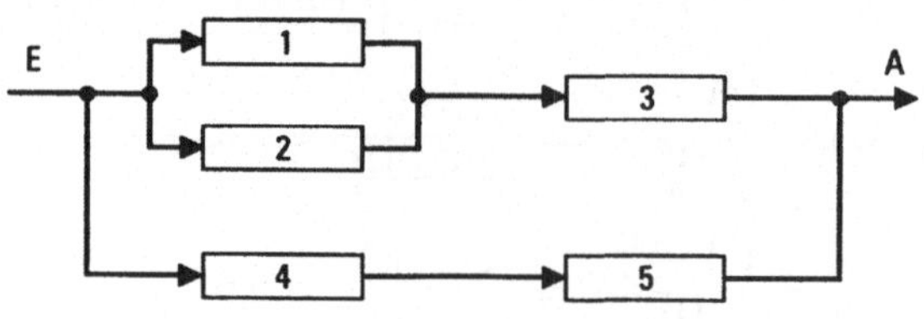

Bild 2.4-3: Schaltwerk

$\Omega = \{(r_1, r_2, \ldots, r_5); r_j \,\epsilon\, \{\text{geschlossen, offen}\}\}, |\Omega| = 2^5 = 32$

$A_i = \{\text{Schalter i ist geschlossen}\}$

$\quad = \{(r_1, r_2, \ldots, r_5); r_i = \text{geschlossen}, r_j \,\epsilon\, \{\text{geschlossen, offen}\}$

$\qquad$ für $j \neq i\}$

$$P(A_i) = \frac{2^4}{2^5} = \frac{1}{2}$$

$B = \{\text{Es kann Strom vom Eingang zum Ausgang fließen}\}$

$$= [(A_1 \cup A_2) \cap A_3] \cup [A_4 \cap A_5]$$

$$P(B) = P\left([(A_1 \cup A_2) \cap A_3] \cup [A_4 \cap A_5]\right)$$

$\Rightarrow$ mit (2.3-10)

$$P(B) = P\left((A_1 \cup A_2) \cap A_3\right) + P(A_4 \cap A_5)$$
$$-P\left((A_1 \cup A_2) \cap A_3 \cap A_4 \cap A_5\right)$$

$\Rightarrow$ mit Distributivgesetz

$$P(B) = P\left((A_1 \cap A_3) \cup (A_2 \cap A_3)\right) + P(A_4 \cap A_5)$$
$$-P\left((A_1 \cap A_3 \cap A_4 \cap A_5) \cup (A_2 \cap A_3 \cap A_4 \cap A_5)\right)$$

$\Rightarrow$ mit (2.3-10)

$$P(B) = P(A_1 \cap A_3) + P(A_2 \cap A_3) - P(A_1 \cap A_2 \cap A_3)$$
$$+P(A_4 \cap A_5) - [P(A_1 \cap A_3 \cap A_4 \cap A_5)$$
$$+P(A_2 \cap A_3 \cap A_4 \cap A_5)$$
$$-P(A_1 \cap A_2 \cap A_3 \cap A_4 \cap A_5)]$$

$$P(B) = \frac{8}{32} + \frac{8}{32} - \frac{4}{32} + \frac{8}{32} - \left(\frac{2}{32} + \frac{2}{32} - \frac{1}{32}\right)$$
$$= \frac{20}{32} - \frac{3}{32} = \frac{17}{32} = 0{,}53125$$

3 Bedingte Wahrscheinlichkeiten

Zur Einführung betrachten wir folgendes

Beispiel: Auf einer Kurzwellenfunkstrecke werden $N = 10^8$ Datenpakete von Flensburg nach Ulm übertragen. Dabei wird das Auftreten folgender Ereignisse erfaßt:

$A=\{$Das Datenpaket kommt fehlerhaft an.$\}$

$B=\{$Das Signal-Rauschverhältnis (SNR) am Empfänger ist

„schlecht".$\}$

Für A und B werden folgende Häufgkeiten beobachtet:

$$h_N(A) = 200, \ h_N(B) = 100$$

$$(H_N(A) = 2 \cdot 10^{-6}, \ H_N(B) = 10^{-6})$$

Da ein Zusammenhang zwischen SNR und fehlerhafter Übertragung vermutet wird, wird auch die Auftretenshäufigkeit von AB aufgezeichnet. Sie ist

$$h_N(AB) = 80 \quad (H_N(AB) = 0{,}8 \cdot 10^{-6}).$$

Die vermutete Abhängigkeit kann durch den Anteil der fehlerhaft empfangenen Datenpakete, die bei „schlechtem" SNR empfangen wurden, überprüft werden. Dies ist die bedingte relative Häufigkeit von A, wenn B eingetreten ist.

In unserem Beispiel:

$$H_N(A|B) = \frac{80}{100} = \frac{h_N(AB)}{h_N(B)} = \frac{H_N(AB)}{H_N(B)} = 0{,}8$$

Mit anderen Worten: 80 % der bei „schlechtem" SNR übertragenen Datenpakete werden fehlerhaft empfangen. Bezogen auf alle $N = 10^8$ übertragenen Pakete ist der Anteil der fehlerhaft empfangenen jedoch nur $2 \cdot 10^{-6}$.

Solche und ähnliche Beispiele legen die Einführung des Begriffs der bedingten Wahrscheinlichkeit nahe.

3.1 Definition und Eigenschaften

Definition 3.1-1

$A, B \in \mathfrak{B}$ *und* $P(B) > 0$. *Dann heißt*

$$P(A|B) = \frac{P(AB)}{P(B)} \tag{3.1-1}$$

bedingte Wahrscheinlichkeit *von A unter der Bedingung B.*

Beispiel: Wir werfen zwei ideale Würfel, von denen der eine rot und der andere weiß sei.

(a) Wie groß ist die Wahrscheinlichkeit, zwei Sechsen zu werfen, unter der Bedingung, daß mit dem weißen Würfel eine Sechs gewürfelt wird?

(b) Wie groß ist die Wahrscheinlichkeit, zwei Sechsen zu werfen, unter der Bedingung, daß mit dem weißen Würfel eine gerade Augenzahl geworfen wird?

(a) $\qquad \Omega = \{(r, w);\ r, w \in \{1, 2, 3, 4, 5, 6\}\}$

$A = \{(6, 6)\}$

$B = \{(r, 6);\ r \in \{1, 2, 3, 4, 5, 6\}\}$

$P(AB) = P(A) = \dfrac{1}{36},\ \text{da}\ A \subset B$

$P(B) = \dfrac{1}{6}$

$P(A|B) = \dfrac{P(AB)}{P(B)} = \dfrac{1}{6}$

(b) $\qquad A = \{(6, 6)\}$

$$C = \{(r,w); \ r \in \{1,2,3,4,5,6\} \ \wedge \ w \in \{2,4,6\}\}$$

$$P(AC) = P(A) = \frac{1}{36}, \text{ da } A \subset C$$

$$P(C) = \frac{1}{2}$$

$$P(A|C) = \frac{P(AC)}{P(C)} = \frac{1}{18}$$

Bemerkung:

(i) Im allgemeinen ist $P(A|B) \neq P(B|A)$. Es gilt die Beziehung

$$P(A|B)P(B) = P(B|A)P(A). \tag{3.1-2}$$

(ii) Die bedingten Wahrscheinlichkeiten $P(A|B)$ erfüllen für festes $B \in \mathfrak{B}$ die Kolmogoroffschen Axiome. Bedingte Wahrscheinlichkeiten über einem Wahrscheinlichkeitsraum $(\Omega, \mathfrak{B}, P)$ sind dort also auch Wahrscheinlichkeiten [Kol33].

Die Auflösung von (3.1-1) nach $P(AB)$ führt auf die **Multiplikationsregel für Wahrscheinlichkeiten**:

$$P(AB) = P(B)P(A|B) \tag{3.1-3}$$

Wegen (3.1-2) gilt natürlich auch $P(AB) = P(A)P(B|A)$.

Die wiederholte Anwendung der Multiplikationsregel auf den Durchschnitt N zufälliger Ereignisse liefert:

$$\begin{aligned}
P\left(\bigcap_{n=1}^{N} A_n\right) &= P(A_1)P\left(\bigcap_{n=2}^{N} A_n | A_1\right) \\
&= P(A_1)P(A_2|A_1)P\left(\bigcap_{n=3}^{N} A_n | A_1 A_2\right) \\
&\ \ \vdots \\
&= P(A_1)P(A_2|A_1)P(A_3|A_1 A_2) \cdots \\
&\quad \cdots P\left(A_N | \bigcap_{n=1}^{N-1} A_n\right)
\end{aligned} \tag{3.1-4}$$

Der Beweis von (3.1-4) wird durch vollständige Induktion erbracht.

Beispiel [Web92]:

In einem Raum sind N Personen versammelt. Unter der Voraussetzung, daß jedes Jahr 365 Tage hat (es gibt keine Schaltjahre) und daß die Geburtstage übers Jahr gleichverteilt sind, soll die Wahrscheinlichkeit dafür, daß mindestens 2 Personen am gleichen Tag Geburtstag haben, berechnet werden.

(a) $A = \{$mindestens 2 Personen haben am gleichen Tag Geburtstag$\}$

   Für $N > 365$ ist $P(A) = 1$.

(b) $N \leq 365$: Wir stellen uns vor, die Personen seien durchnumeriert und betrachten folgende Ereignisse:

   $\overline{A} = \{$alle haben an verschiedenen Tagen Geburtstag$\}$,

   $\overline{A}_i = \{$die i-te Person hat an einem **anderen** Tag als

   die $i - 1$ vorhergehenden Personen Geburtstag$\}$.

Es folgt

$$P(\overline{A}_2) = \frac{364}{365}$$

$$P(\overline{A}_3 | \overline{A}_2) = \frac{363}{365}$$

$$\vdots$$

$$P(\overline{A}_N | \overline{A}_2 \overline{A}_3 \cdots \overline{A}_{N-1}) = \frac{365 - (N-1)}{365}.$$

Wegen $\overline{A} = \overline{A}_2 \overline{A}_3 \cdots \overline{A}_N$ folgt mit dem Multiplikationssatz

$$P(\overline{A}) = P(\overline{A}_2) P(\overline{A}_3 | \overline{A}_2) \cdots P(\overline{A}_N | \overline{A}_2 \overline{A}_3 \ldots \overline{A}_{N-1})$$

und daraus

$$P(A) = 1 - P(\overline{A}) = 1 - \frac{364 \cdot 363 \cdots (365 - N + 1)}{365^{N-1}}.$$

Für verschiedene Werte von N erhält man:

N	10	20	23	30	50	100
$P(A)$	0,117	0,411	0,507	0,706	0,970	0,99999969

Satz 3.1-1

Die Ereignisse A_n $(1 \leq n \leq N)$ seien eine vollständige Ereignisdisjunktion und es gelte $P(A_n) > 0 \; \forall n$. Dann folgt für jedes $B \in \mathfrak{B}$ die **Formel von der totalen Wahrscheinlichkeit**

$$P(B) = \sum_{n=1}^{N} P(B|A_n)P(A_n) \tag{3.1-5}$$

und, wenn $P(B) > 0$ ist, die **Formel von Bayes**

$$P(A_n|B) = \frac{P(B|A_n)P(A_n)}{\displaystyle\sum_{n=1}^{N} P(B|A_n)P(A_n)}. \tag{3.1-6}$$

Beweis:

(a) (3.1-5):

Da $\sum_{n=1}^{N} A_n = \Omega$ gilt, ist $B = B\Omega = \sum_{n=1}^{N} A_n B$. Da die $A_n B$ paarweise disjunkt sind, folgt $P(B) = \sum_{n=1}^{N} P(A_n B)$ und wegen $P(A_n) > 0 \; \forall n$ mit (3.1-1):
$P(B) = \sum_{n=1}^{N} P(B|A_n)P(A_n)$.

(b) (3.1-6):

Für $B \in \mathfrak{B}$ gilt unter Anwendung von (3.1-2):

$$P(A_n|B) = \frac{P(A_n)P(B|A_n)}{P(B)}$$

(3.1-6) ergibt sich durch Einsetzen von (3.1-5) in den Nenner.

Bemerkung:

Die Wahrscheinlichkeiten $P(A_n|B)$ werden **a posteriori Wahrscheinlichkeiten** genannt, da sie die Wahrscheinlichkeiten der A_n **nach** Eintreten von B angeben. Im Gegensatz dazu sind die $P(A_n)$ die **a priori Wahrscheinlichkeiten** für das Auftreten der A_n.

3.2 Unabhängige Ereignisse

Im allgemeinen wird $P(A) \neq P(A|B)$ sein. Man erklärt daher

Definition 3.2-1

Gilt für $A, B \in \mathfrak{B}$

$$P(A|B) = P(A) \tag{3.2-1}$$

*heißt A **unabhängig** von B.*

Bemerkungen:

(i) Mit (3.1-1) gilt für den Fall, daß A unabhängig von B ist,

$$P(AB) = P(A|B)P(B) = P(A)P(B). \tag{3.2-2}$$

Daraus folgt sofort

$$P(B|A) = \frac{P(AB)}{P(A)} = P(B). \tag{3.2-3}$$

D.h. wenn A von B unabhängig ist, ist auch B von A unabhängig. Man sagt A und B seien voneinander unabhängig.

(ii) Mit Gleichung (3.2-2) wird oft die Unabhängigkeit von A und B definiert. Diese Definition ist äquivalent zu (3.2-1), wenn $P(B) > 0$ ist.

(iii) Weil $AB \subset B$ und $AB \subset A$, gilt (3.2-2) auch, wenn $P(A) = 0$ oder $P(B) = 0$ ist.

Beispiel: Wie groß ist die Wahrscheinlichkeit P_2 bei zweimaligem Ziehen einer Karte aus einem Skatspiel **mit** Zurücklegen zwei Asse zu erhalten?

4 von den 32 Karten sind Asse, d.h.

$$P(\text{As}) = \frac{1}{8} \Rightarrow P_2 = \frac{1}{8} \cdot \frac{1}{8} = \frac{1}{64}.$$

Definition 3.2-2

Die Ereignisse $A_n \in \mathfrak{B}$ *($n = 1, 2, \ldots, N$) heißen* **vollständig unabhängig,** *wenn für jedes* $K \in \{2, 3, \ldots, N\}$ *und beliebige natürliche Zahlen* $1 \leq i_1 < i_2 < \ldots i_K \leq N$

$$P\left(\bigcap_{k=1}^{K} A_{i_k}\right) = \prod_{k=1}^{K} P(A_{i_k}) \tag{3.2-4}$$

gilt.

Bemerkungen:

(i) Statt von vollständiger Unabhängigkeit spricht man oft auch kurz nur von Unabhängigkeit der A_n. Diese sollte jedoch nicht mit paarweiser Unabhängigkeit verwechselt werden!

(ii) Disjunkte Ereignisse sind in höchstem Maße **abhängig!**

3.3   Übungsaufgaben

Aufgabe 3.1 [Bei95]

80 % der in einer Radaranlage eintreffenden Signale sind mit einer Störung überlagerte Nutzsignale und 20 % sind reine Störungen. Aus Erfahrung weiß man, daß beim Empfang eines gestörten Nutzsignals die Anlage die Ankunft eines Nutzsignals mit Wahrscheinlichkeit 0,95 anzeigt. Beim Empfang der reinen Störung zeigt sie die Ankunft eines Nutzsignals mit Wahrscheinlichkeit 0,3 an.
Die Anlage zeige nun die Ankunft eines Nutzsignals an. Man bestimme die Wahrscheinlichkeit dafür, daß wirklich ein gestörtes Nutzsignal empfangen wurde, d.h. daß die Anlage eine richtige Anzeige macht.

$N=$ {Nutzsignal wird empfangen}

$S=$ {Reine Störung wird empfangen}

$A=$ {Die Anlage zeigt ein Nutzsignal an}

$$P(N) = 0{,}8$$

$$P(S) = 0{,}2$$

$$P(A|N) = 0{,}95 \qquad P(A|S) = 0{,}3$$

Gesucht:

$$P(N|A) \stackrel{(3.1\text{-}1)}{=} \frac{P(N \cap A)}{P(A)}$$

Anwendung von Satz 3.1-1:
Die Ereignisse S und N stellen eine vollständige Ereignisdisjunktion dar
und es gilt $P(S) \geq 0$ und $P(N) \geq 0$. Die Wahrscheinlichkeit, daß eine
Anzeige erfolgt, ist die totale Wahrscheinlichkeit $P(A)$.

$$P(A) \stackrel{(3.1\text{-}5)}{=} P(A|S) \cdot P(S) + P(A|N) \cdot P(N)$$

$$P(A) \;\; = \;\; 0{,}3 \cdot 0{,}2 + 0{,}95 \cdot 0{,}8 = 0{,}82$$

Die Wahrscheinlichkeit, daß ein gestörtes Nutzsignal empfangen wird **und**
die Ankunft eines Nutzsignals angezeigt wird, ist:

$$P(N \cap A) \stackrel{(3.1\text{-}3)}{=} P(A|N) \cdot P(N) = 0{,}95 \cdot 0{,}8 = 0{,}76$$

Die Wahrscheinlichkeit dafür, daß wirklich ein Nutzsignal empfangen wurde,
d.h. daß die Anlage eine richtige Anzeige macht, ist:

$$P(N|A) = \frac{P(N \cap A)}{P(A)} = \frac{0{,}76}{0{,}82} \approx 0{,}93$$

Beachte: $P(N|A) \neq P(A|N)$

Aufgabe 3.2 [Bos96]

Bei einer Qualitätskontrolle können Werkstücke zwei Fehler haben, den Fehler A und den Fehler B. Aus Erfahrung seien folgende Werte bekannt: Mit Wahrscheinlichkeit 0,05 hat ein Werkstück den Fehler A, mit Wahrscheinlichkeit 0,01 hat es beide Fehler und mit Wahrscheinlichkeit 0,03 nur den Fehler B.

a) Mit welcher Wahrscheinlichkeit hat ein Werkstück den Fehler B?

b) Mit welcher Wahrscheinlichkeit ist ein Werkstück fehlerhaft bzw. fehlerfrei?

c) Mit welcher Wahrscheinlichkeit besitzt ein Werkstück genau einen der beiden Fehler?

d) Bei einem Werkstück wurde der Fehler A festgestellt, während die Untersuchung auf Fehler B noch nicht erfolgt ist. Mit welcher Wahrscheinlichkeit hat es auch den Fehler B bzw. nicht den Fehler B?

e) Mit welcher Wahrscheinlichkeit ist ein Werkstück fehlerfrei, falls es den Fehler B (bzw. A) nicht besitzt.

f) Sind die Ereignisse „Fehler A"und „Fehler B"unabhängig?

Gegeben: $P(A) = 0{,}05$; $P(A \cap B) = 0{,}01$; $P(\overline{A} \cap B) = 0{,}03$

a) $P(B) = P(A \cap B) + P(\overline{A} \cap B)$
denn: $B = \Omega \cap B = (A \cup \overline{A}) \cap B = (A \cap B) \cup (\overline{A} \cap B)$
$P(B) = 0{,}01 + 0{,}03 = 0{,}04$

b) $A \cup B = \{\text{das Werkstück ist fehlerhaft}\}$
$P(A \cup B) \overset{(2.3\text{-}10)}{=} P(A) + P(B) - P(A \cap B)$
$= 0{,}05 + 0{,}04 - 0{,}01 = 0{,}08$
$\overline{A} \cap \overline{B} = \{\text{das Werkstück ist fehlerfrei}\}$
$P(\overline{A} \cap \overline{B}) \overset{(2.1\text{-}1)}{=} P(\overline{A \cup B}) \overset{(2.3\text{-}9)}{=} 1 - P(A \cup B) = 0{,}92$

c) $(A \cap \overline{B}) \cup (\overline{A} \cap B) = \{\text{das Werkstück hat genau einen Fehler}\}$

$$P(A \cap \overline{B}) = P(A) - P(A \cap B) = 0{,}04$$
$$P(A \cap \overline{B}) + P(\overline{A} \cap B) = 0{,}04 + 0{,}03 = 0{,}07$$

d) $P(B|A) \stackrel{(3.1\text{-}1)}{=} \frac{P(B \cap A)}{P(A)} = \frac{0{,}01}{0{,}05} = 0{,}2$

$\quad P(\overline{B}|A) \stackrel{(2.3\text{-}9)}{=} 1 - P(B|A) = 0{,}8$

e) $P(\overline{A}|\overline{B}) \stackrel{(3.1\text{-}1)}{=} \frac{P(\overline{A} \cap \overline{B})}{P(\overline{B})} \stackrel{(2.3\text{-}9)}{=} \frac{P(\overline{A} \cap \overline{B})}{1 - P(B)} = \frac{0{,}92}{0{,}96} \approx 0{,}9583$

$\quad P(\overline{B}|\overline{A}) \stackrel{(3.1\text{-}1)}{=} \frac{P(\overline{A} \cap \overline{B})}{P(\overline{A})} \stackrel{(2.3\text{-}9)}{=} \frac{P(\overline{A} \cap \overline{B})}{1 - P(A)} = \frac{0{,}92}{0{,}95} \approx 0{,}9684$

f) $0{,}01 = P(A \cap B) \neq P(A) \cdot P(B) = 0{,}05 \cdot 0{,}04 = 0{,}002$
$\quad$ A und B sind nicht unabhängig.

Aufgabe 3.3

In einer Geldbörse befinden sich drei Münzen. Die erste zeigt auf beiden
Seiten einen Kopf, die zweite zeigt beim Werfen Zahl und Kopf mit gleicher
Wahrscheinlichkeit und die dritte ist so beschaffen, daß sie beim Werfen mit
Wahrscheinlichkeit 0,8 Kopf und mit Wahrscheinlichkeit 0,2 Zahl zeigt.

a) Der Börse wird zufällig eine Münze entnommen und geworfen. Nach
dem Wurf zeigt sie Kopf. Mit welcher Wahrscheinlichkeit ist es die erste
Münze?

b) Es werden zwei Münzen **gleichzeitig** aus der Börse entnommen und
geworfen. Wie groß ist die Wahrscheinlichkeit dafür, daß die Münzen
Kopf und Zahl zeigen?

———————————————

a) $M_j = \{$Münze j wird entnommen$\}$

$K = \{$Kopf wird geworfen$\}$

$$P(K|M_1) = 1; \quad P(K|M_2) = 0{,}5; \quad P(K|M_3) = 0{,}8;$$

$$P(M_1) = P(M_2) = P(M_3) = \frac{1}{3};$$

$$P(M_1|K) \overset{(3.1\text{-}6)}{=} \frac{P(K|M_1) \cdot P(M_1)}{\displaystyle\sum_{j=1}^{3} P(K|M_j) \cdot P(M_j)}$$

$$= \frac{1 \cdot \frac{1}{3}}{1 \cdot \frac{1}{3} + 0{,}5 \cdot \frac{1}{3} + 0{,}8 \cdot \frac{1}{3}} \approx 0{,}4348$$

b) $(M_i, M_j) = \{$Münzen M_i und M_j werden entnommen mit $i < j\}$

Abkürzung: $A_1 = (M_1, M_2), \quad A_2 = (M_2, M_3),$
$\qquad\qquad\quad A_3 = (M_1, M_3)$

$(K, Z) = \{$Wurf der Münze M_i ergibt Kopf und
$\qquad\qquad$ Wurf der Münze M_j ergibt Zahl$\}$

$(Z, K) = \{$Wurf der Münze M_i ergibt Zahl und
$\qquad\qquad$ Wurf der Münze M_j ergibt Kopf$\}$

$P(A_i) = \frac{1}{3}$

$P(\text{Kopf und Zahl}) = P((K, Z)) + P((Z, K))$

$$\overset{(3.1\text{-}5)}{=} \sum_{i=1}^{3} P((K,Z)|A_i) \cdot P(A_i)$$

$$+ \sum_{i=1}^{3} P((Z,K)|A_i) \cdot P(A_i)$$

$$= \frac{1}{3} \cdot (1 \cdot 0{,}5 + 0{,}5 \cdot 0{,}2 + 1 \cdot 0{,}2 + 0 + 0{,}5 \cdot 0{,}8 + 0)$$

$$= \frac{1{,}2}{3} = 0{,}4$$

4 Zufallsvariablen

Die Ergebnisse eines Zufallsexperiments werden im allgemeinen verbal um-
schrieben:

- „Beim Würfeln ist die Augenzahl vier gefallen" (vergleiche Bild 2.3-1),

- „Herr Kunz wird bei einer Geschwindigkeitskontrolle gebührenpflich-
  tig verwarnt".

Einer numerischen bzw. analytischen Behandlung werden Zufallsexperimente erst dann zugänglich, wenn den Ergebnissen Zahlen zugeordnet werden.
Eine solche Zuordnung zeigt Bild 4-1 für das einmalige Würfeln. Daß dabei
auf den Würfeln bereits die Augenzahlen zu sehen sind, darf nicht stören,
die Würfelflächen könnten auch einfach verschiedene Farben (weiß, gelb,
rot, grün, blau, schwarz) tragen. Die Funktion X aus Bild 4-1 bildet den
Ergebnisraum Ω in die Menge der reellen Zahlen $\mathbb{R}$ ab. Wesentlich bei der
Definition von X ist, daß die Umkehrabbildung X^{-1} so beschaffen ist, daß
für jedes Intervall $(-\infty, a] \subset \mathbb{R}$

$$X^{-1}((-\infty, a]) \in \mathfrak{B},$$

d.h. ein Ereignis aus der σ-Algebra $\mathfrak{B}$ über Ω ist.

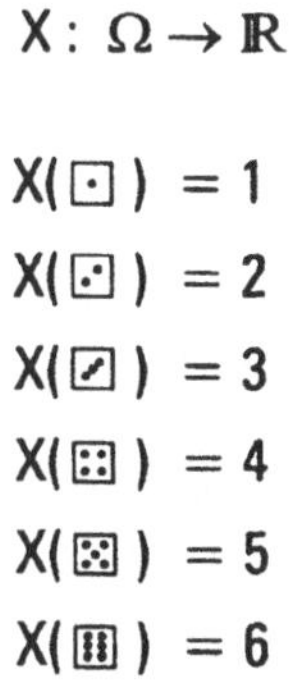

$$X: \Omega \to \mathbb{R}$$

$$X(\boxdot) = 1$$
$$X(\boxdot) = 2$$
$$X(\boxdot) = 3$$
$$X(\boxdot) = 4$$
$$X(\boxdot) = 5$$
$$X(\boxdot) = 6$$

Bild 4-1: Einmaliges Werfen eines idealen Würfels, Zufallsvariable

4.1   Verteilungsfunktion und Dichte

Definition 4.1-1

Eine Funktion

$$X = X(\xi) : \Omega \to \mathbb{R}, \tag{4.1-1}$$

*die jedem Ergebnis $\xi \in \Omega$ eine reelle Zahl zuordnet, heißt **Zufallsvariable**, wenn das Urbild eines jeden Intervalls $(-\infty, a] \subset \mathbb{R}$ ein Ereignis aus $\mathfrak{B}$ ist:*

$$X^{-1}((-\infty, a]) \in \mathfrak{B}, \quad \forall a \in \mathbb{R} \tag{4.1-2}$$

Unter einer Wahrscheinlichkeitsverteilung verstehen wir die Verteilung der gesamten Wahrscheinlichkeitsmasse 1 auf $\mathbb{R}$. Dies führt sofort auf den Begriff der Verteilungsfunktion.

Definition 4.1-2

Die Funktion

$$F(x) := P(X \leq x) \tag{4.1-3}$$

*der reellen Variablen x heißt **Verteilungsfunktion** der Zufallsvariablen X.*

Bemerkung:

Wenn die Beziehung zwischen der Zufallsvariablen X und der Verteilungsfunktion $F(x)$ nicht sofort erkennbar ist, wird auch die Bezeichnung $F_X(x)$ für die Verteilungsfunktion benutzt.

Beispiel:

Wir betrachten das einmalige Werfen eines idealen Würfels als Zufallsexperiment. Die Zufallsvariable X wurde mit Bild 4-1 angegeben. Für die Verteilungsfunktion erhält man die Treppenfunktion von Bild 4.1-1.

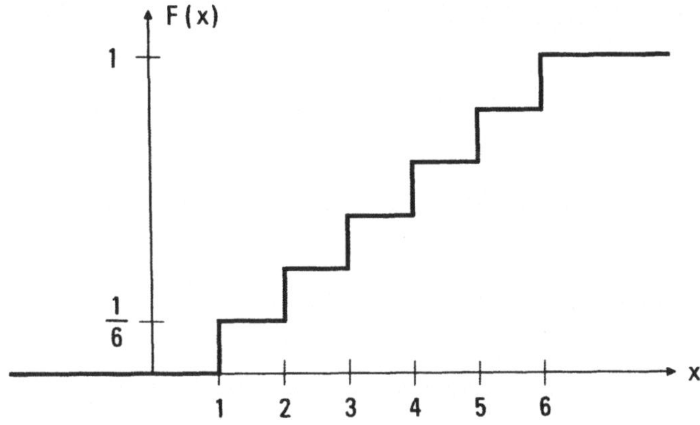

Bild 4.1-1: Werfen eines idealen Würfels, Verteilungsfunktion

Aus der Verteilungsfunktion läßt sich die Wahrscheinlichkeit für jedes Ereignis $\{\xi; a < X(\xi) \le b\}$ ableiten. Für $a = 1{,}5$ und $b = 3{,}7$ gilt z.B.

$$P(\xi; 1{,}5 < X(\xi) \le 3{,}7) = P(\text{„Zwei" } \vee \text{ „Drei"})$$

$$= \frac{1}{3} = F(3{,}7) - F(1{,}5)$$

$$= \frac{3}{6} - \frac{1}{6}.$$

Allgemein ergibt sich

$$P(\xi; a < X(\xi) \le b) = P(\xi; X \le b) - P(\xi; X \le a) = F(b) - F(a).$$

Aus Bild 4.1-1 lassen sich folgende **Eigenschaften** von $F(x)$, die allgemein für **Verteilungsfunktionen** gelten, ablesen:

1. $\quad F : \mathbb{R} \to [0, 1]$

2. $\quad \lim\limits_{x \to -\infty} F(x) = 0,$

$\quad\quad \lim\limits_{x \to \infty} F(x) = 1$

3. $F(x)$ ist monoton nichtfallend:

$$x_1 \leq x_2 \Rightarrow F(x_1) \leq F(x_2)$$

4. $F(x)$ ist rechtsseitig stetig:

$$F(x+0) = \lim_{h \to 0} F(x+h) = F(x) \; \forall x \in \mathbb{R}$$

Definition 4.1-3

Die Zufallsvariable X heißt **diskret,** *wenn ihr Wertebereich eine endliche oder höchstens abzählbar unendliche Menge ist.*

Bemerkung:

Nimmt die Zufallsvariable X die (höchstens abzählbar unendlich vielen) Werte $x_1, x_2, \ldots$ an, sind

$$p_n = P(X = x_n) \tag{4.1-4}$$

die Einzelwahrscheinlichkeiten der Zufallsvariablen X. Für das einmalige Werfen des idealen Würfels zeigt Bild 4.1-2 die Einzelwahrscheinlichkeiten: Die Wahrscheinlichkeitsmasse 1 ist zu gleichen Teilen auf die Punkte $x_n = 1, 2, \ldots, 6$ verteilt.

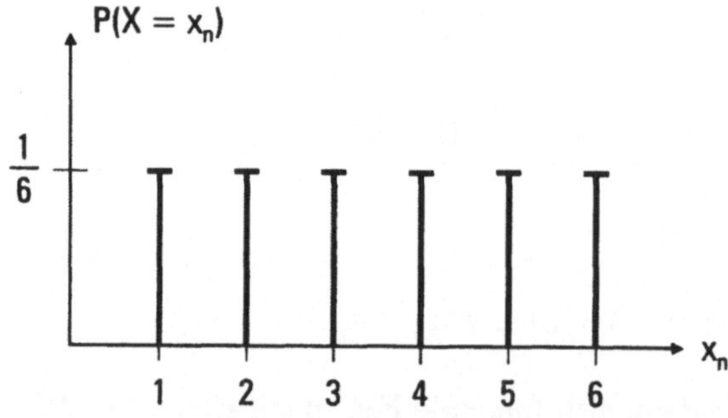

Bild 4.1-2: Werfen eines idealen Würfels, Einzelwahrscheinlichkeiten

Definition 4.1-4

Eine Zufallsvariable X heißt **stetig,** *wenn eine integrierbare Funktion*

$$f(x) \geq 0 \; \forall x \in \mathbb{R} \tag{4.1-5}$$

existiert, so daß sich die Verteilungsfunktion $F(x)$ $\forall x \in \mathbb{R}$ in der Form

$$F(x) = \int_{-\infty}^{x} f(u)\,du \qquad\qquad (4.1\text{-}6)$$

schreiben läßt. $f(x)$ heißt **Dichte** *von X.*

Bemerkung:

Da $\lim\limits_{x \to \infty} F(x) = 1$ gilt (Eigenschaft 2 einer Verteilungsfunktion), folgt für $f(x)$:

$$\int_{-\infty}^{\infty} f(x)\,dx = 1$$

$f(x)$ gibt also an, **wie** die Wahrscheinlichkeitsmasse 1 über die x-Achse verteilt ist.

Beispiele:

(i) Die Dichte

$$f(x) = \begin{cases} \frac{1}{2\pi} & \text{für } x \in [-\pi, \pi) \\[2mm] 0 & \text{sonst} \end{cases} \qquad\qquad (4.1\text{-}7)$$

beschreibt eine Gleichverteilung über dem Intervall $[-\pi, \pi)$, siehe Bild 4.1-3.

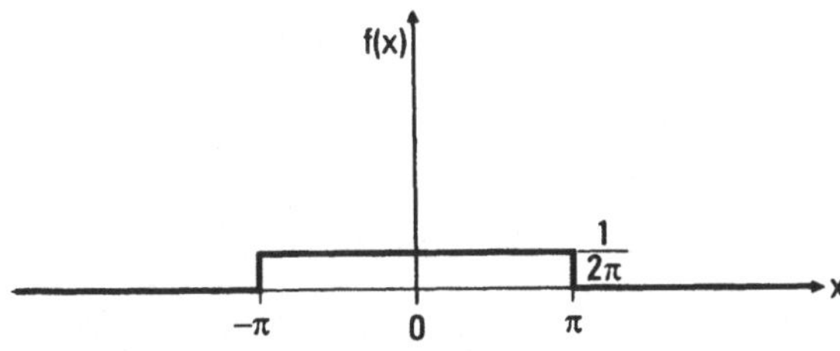

Bild 4.1-3: Gleichverteilungsdichte über $[-\pi, \pi)$

(ii) Durch

$$f(x) = \frac{1}{\sqrt{2\pi}} \exp\left(-\frac{x^2}{2}\right) \tag{4.1-8}$$

ist die Dichte der **Standardnormalverteilung** gegeben (Bild 4.1-4).

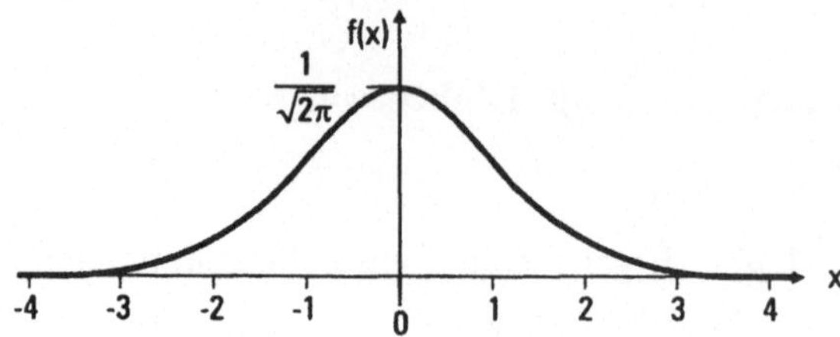

Bild 4.1-4: Dichte der Standardnormalverteilung $\mathcal{N}(0; 1)$

Die Verteilungsfunktion $F(x)$ ist gemäß (4.1-6) eine Stammfunktion der Dichte $f(x)$. Nach dem Hauptsatz der Differential- und Integralrechnung ergibt sich daraus

$$P(x_1 < X \le x_2) = F(x_2) - F(x_1) = \int\limits_{x_1}^{x_2} f(x)\, dx. \tag{4.1-9}$$

Die Wahrscheinlichkeit dafür, daß X einen Wert aus dem Intervall $(x_1, x_2]$ annimmt, ist daher durch die Fläche unter der Dichte über diesem Intervall gegeben. Insbesondere folgt bei stetigen Zufallsvariablen $\forall x$:

$$P(X = x) = \lim_{\Delta x \to 0} P(x < X \le x + \Delta x)$$

$$= \lim_{\Delta x \to 0} \int\limits_{x}^{x+\Delta x} f(x)\, dx$$

$$= 0 \tag{4.1-10}$$

Folgerung:

Für eine stetige Zufallsvariable X verschwinden alle Wahrscheinlichkeiten der Form $P(X = x)$, obwohl die Ereignisse $\{\xi; X = x\}$ **nicht** mit dem unmöglichen Ereignis zusammenfallen müssen. Bild 4.1-5 zeigt die geometrische Deutung der Wahrscheinlichkeiten und des durch

$$P(x < X \le x + dx) = dF(x) = f(x)\, dx \tag{4.1-11}$$

definierten **Wahrscheinlichkeitselements**.

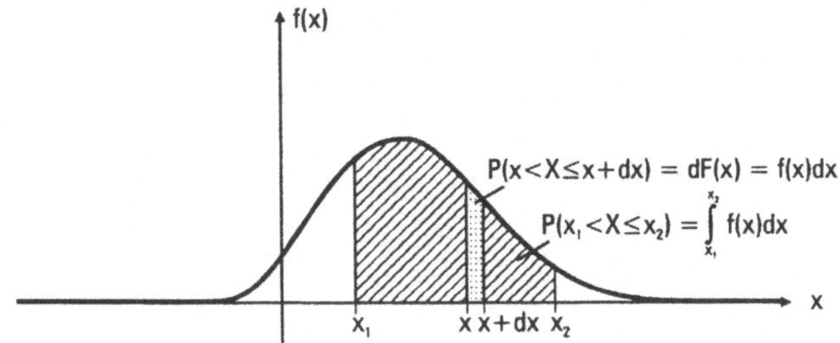

Bild 4.1-5: Wahrscheinlichkeit und Wahrscheinlichkeitselement

Mathematisch (wegen der fehlenden Stetigkeit/Integrierbarkeit der Dichte) **nicht** einwandfrei, aber für Anwendungen oft nützlich, schreibt man für die „Dichte" einer diskreten Zufallsvariablen, deren Einzelwahrscheinlichkeiten durch (4.1-4) gegeben sind, auch

$$f(x) = \sum_{n=1}^{\infty} P(X = x_n)\delta(x - x_n) \qquad (4.1\text{-}12)$$

mit der in Anhang C diskutierten δ-Distribution [Pro95]. Damit kann dann, zumindest formal, immer der Zusammenhang

$$\frac{dF(x)}{dx} = f(x) \qquad (4.1\text{-}13)$$

benutzt werden.

Stellt X eine diskrete Zufallsvariable dar, so ergibt sich für deren Verteilungsfunktion immer eine Treppenfunktion.

Es gilt nämlich

$$F_X(x) \overset{(4.1\text{-}13)}{=} \int_{-\infty}^{x} f(u)\,du$$

$$\overset{(4.1\text{-}12)}{=} \int_{-\infty}^{x} \sum_{n=1}^{\infty} P(X = x_n)\delta(u - x_n)\,du$$

$$= \sum_{n=1}^{\infty} p_n \underbrace{\int_{-\infty}^{x} \delta(u - x_n)\, du}_{=\begin{cases} 1 & \text{für} \quad x_n \leq x \\ 0 & \text{für} \quad x_n > x \end{cases}}$$

$$= \sum_{n:x_n \leq x} p_n.$$

4.2   Funktionen von Zufallsvariablen

Ist die Dichte einer Zufallsvariablen X bekannt, muß häufig die Dichte der Zufallsvariablen $Y = g(X)$ berechnet werden. Wenn g eine umkehrbar eindeutige Funktion ist, ist diese Aufgabe leicht zu erledigen. Wenn das aber, wie z.B. bei $Y = X^2$ nicht der Fall ist, kann die Lösung schon etwas komplizierter aussehen.

Beispiele:

(i) $\qquad Y = aX + b, \ a > 0$ $\hfill$ (4.2-1)

$$\Rightarrow F_Y(y) = P(Y \leq y) = P(aX + b \leq y)$$

$$= P\left(X \leq \frac{y - b}{a}\right)$$

$$= F_X\left(\frac{y - b}{a}\right) \hfill \text{(4.2-2)}$$

Durch Differentiation nach y folgt hieraus

$$f_Y(y) = \frac{1}{a} f_X\left(\frac{y - b}{a}\right). \hfill \text{(4.2-3)}$$

Mit $Y = \sigma X + \mu$, $\sigma > 0$, ergibt sich aus der standardnormalverteilten Zufallsvariablen X die allgemeine $\mathcal{N}(\mu; \sigma^2)$-verteilte Zufallsvariable Y mit der Dichte

$$f_Y(y) = \frac{1}{\sqrt{2\pi}\sigma} \exp\left(-\frac{(y - \mu)^2}{2\sigma^2}\right). \hfill \text{(4.2-4)}$$

(ii) $Y = aX^3 + b,\, a > 0$

Wie in (i) ist die hier durchgeführte Abbildung von X umkehrbar eindeutig. Es folgt

$$F_Y(y) = P\,(Y \le y) = P(aX^3 + b \le y)$$

$$= P\left(X \le \sqrt[3]{\frac{y-b}{a}}\right) = F_X\left(\sqrt[3]{\frac{y-b}{a}}\right),$$

woraus sich durch Differentiation nach y ergibt:

$$f_Y(y) = \frac{1}{3a\sqrt[3]{\left(\frac{y-b}{a}\right)^2}} f_X\left(\sqrt[3]{\frac{y-b}{a}}\right)$$

(iii) $Y = aX^2 + b,\, a > 0$ (4.2-5)

Im Gegensatz zu (i) und (ii) ist die Abbildung (4.2-5) **nicht** umkehrbar eindeutig (Bild 4.2-1).

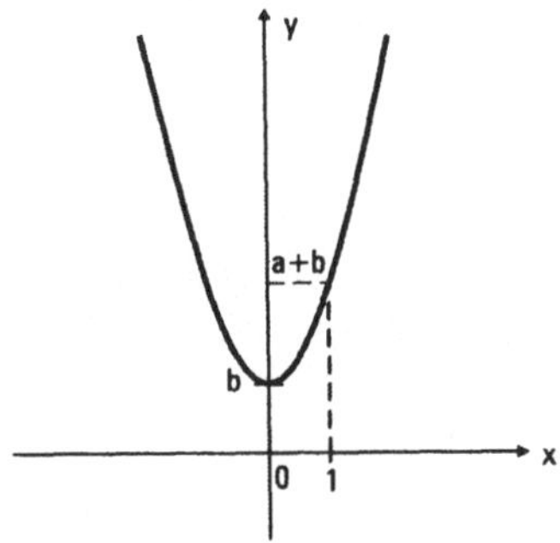

Bild 4.2-1: Die Funktion $y = ax^2 + b,\, a > 0$

Hier gilt

$$F_Y(y) = P(Y \leq y) = P(aX^2 + b \leq y)$$

$$= P\left(|X| \leq \sqrt{\frac{y-b}{a}}\right)$$

$$= P\left(-\sqrt{\frac{y-b}{a}} \leq X \leq \sqrt{\frac{y-b}{a}}\right)$$

$$= \begin{cases} \left[F_X\left(\sqrt{\frac{y-b}{a}}\right) - F_X\left(-\sqrt{\frac{y-b}{a}}\right)\right] & \text{für } y > b \\ 0 & \text{sonst} \end{cases} \qquad (4.2\text{-}6)$$

Durch Differentiation nach y ergibt sich

$$f_Y(y) = \begin{cases} \dfrac{1}{2a\sqrt{\frac{y-b}{a}}}\left[f_X\left(\sqrt{\frac{y-b}{a}}\right) + f_X\left(-\sqrt{\frac{y-b}{a}}\right)\right] & \text{für } y > b \\ 0 & \text{sonst} \end{cases} \qquad (4.2\text{-}7)$$

In Beispiel (iii) hat die Gleichung $y = ax^2 + b$ die beiden reellen Wurzeln

$$x_1 = \sqrt{\frac{y-b}{a}} \quad \text{und} \quad x_2 = -\sqrt{\frac{y-b}{a}} \qquad (4.2\text{-}8)$$

und die Dichte von $Y = aX^2 + b$ läßt sich mit $g(x) = ax^2 + b$, dort wo sie nicht verschwindet ($y > b$), schreiben als

$$f_Y(y) = \frac{f_X(x_1)}{|g'(x_1)|} + \frac{f_X(x_2)}{|g'(x_2)|},$$

wobei g' die erste Ableitung von g (nach x) ist und x_1 sowie x_2 gemäß (4.2-8) eingesetzt werden müssen.

Allgemein gilt: Wenn $x_1, x_2, \ldots, x_N$ die reellen Wurzeln der Gleichung $y = g(x)$ sind, kann die Dichte der Zufallsvariablen $Y = g(X)$ in der Form

$$f_Y(y) = \sum_{n=1}^{N} \frac{f_X(x_n)}{|g'(x_n)|} \tag{4.2-9}$$

geschrieben werden, worin dann natürlich die x_n; $n = 1, 2, \ldots, N$; Funktionen von y sind. Dabei ist selbstverständlich der Definitionsbereich der Funktion $g(x)$ zu beachten.

4.3 Übungsaufgaben

Aufgabe 4.1

Beim Werfen eines grünen und eines roten Würfels sollen die Wahrscheinlichkeiten für die Augensummen bestimmt werden.

a) Man zeichne für die Zufallsvariable X, die jedem Wurfergebnis die Augensumme zuordnet, die diskrete „Dichte".

b) Man berechne die Wahrscheinlichkeiten für die folgenden Ereignisse und gebe jeweils eine geeignete Zufallsvariable an, um die Ereignisse zu beschreiben:

$$A = \{\text{Der rote Würfel zeigt eine 1}\}$$

$$B = \{\text{Der grüne Würfel zeigt eine 1}\}$$

$$C = \{\text{Beide Würfel zeigen dieselbe Zahl}\}$$

c) Man überprüfe, ob die Ereignisse A, B und C vollständig bzw. paarweise unabhängig sind.

---

a) $\qquad \Omega = \{(r,g); r, g \in \{1, \ldots, 6\}\} \qquad |\Omega| = 36$

$X\colon \Omega \to \mathbb{R};$

$(r,g) \to r + g$

$$A_2 = \{(1,1)\}$$

$$|A_2| = 1 \quad P(X=2) = \frac{1}{36}$$

$$A_3 = \{(1,2),(2,1)\}$$

$$|A_3| = 2 \quad P(X=3) = \frac{2}{36}$$

$$A_4 = \{(1,3),(3,1),(2,2)\}$$

$$|A_4| = 3 \quad P(X=4) = \frac{3}{36}$$

$$A_5 = \{(2,3),(3,2),(1,4),(4,1)\}$$

$$|A_5| = 4 \quad P(X=5) = \frac{4}{36}$$

$$A_6 = \{(3,3),(4,2),(2,4),(5,1),(1,5)\}$$

$$|A_6| = 5 \quad P(X=6) = \frac{5}{36}$$

$$A_7 = \{(3,4),(4,3),(5,2),(2,5),(1,6),(6,1)\}$$

$$|A_7| = 6 \quad P(X=7) = \frac{6}{36}$$

$$A_8 = \{(4,4),(5,3),(3,5),(6,2),(2,6)\}$$

$$|A_8| = 5 \quad P(X=8) = \frac{5}{36}$$

$$A_9 = \{(5,4),(4,5),(6,3),(3,6)\}$$

$$|A_9| = 4 \quad P(X=9) = \frac{4}{36}$$

$$A_{10} = \{(5,5),(6,4),(4,6)\}$$

$$|A_{10}| = 3 \quad P(X=10) = \frac{3}{36}$$

$$A_{11} = \{(5,6),(6,5)\}$$

$$|A_{11}| = 2 \quad P(X=11) = \frac{2}{36}$$

$$A_{12} = \{(6,6)\}$$

$$|A_{12}| = 1 \quad P(X=12) = \frac{1}{36}$$

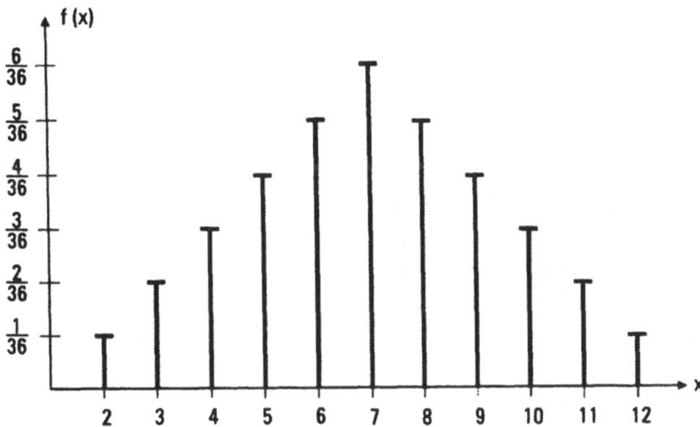

Bild 4.3-1: Diskrete „Dichte" $f(x)$

b) $A = \{(1,1),(1,2),(1,3),(1,4),(1,5),(1,6)\}$

Zufallsvariable R: $\Omega \to \mathbb{R}$;

$$(r,g) \to r$$

$$P(A) = P(R = 1) = \frac{6}{36}$$

$B = \{(1,1),(2,1),(3,1),(4,1),(5,1),(6,1)\}$

Zufallsvariable G: $\Omega \to \mathbb{R}$;

$$(r,g) \to g$$

$$P(B) = P(G = 1) = \frac{6}{36}$$

$C = \{(1,1),(2,2),(3,3),(4,4),(5,5),(6,6)\}$

Zufallsvariable Y: $\Omega \to \mathbb{R}$;

$$(r,g) \to r - g$$

$$P(C) = P(Y = 0) = \frac{6}{36}$$

c) $P(A \cap B) = P(\{(1,1)\}) = \frac{1}{36} = P(A) \cdot P(B)$

$$\Rightarrow \quad A \text{ unabhängig von } B$$

$$P(B \cap C) = P(\{(1,1)\}) = \frac{1}{36} = P(B) \cdot P(C)$$

$$\Rightarrow \quad B \text{ unabhängig von } C$$

$$P(A \cap C) = P(\{(1,1)\}) = \frac{1}{36} = P(A) \cdot P(C)$$

$$\Rightarrow \quad A \text{ unabhängig von } C$$

$$\Rightarrow \quad \text{paarweise unabhängig}$$

$$P(A \cap B \cap C) = P(\{(1,1)\})$$

$$= \frac{1}{36} \neq P(A) \cdot P(B) \cdot P(C)$$

$$= \frac{1}{6 \cdot 6 \cdot 6}$$

$$\Rightarrow \quad \text{nicht vollständig unabhängig}$$

Aufgabe 4.2 [Bos95]

Die Zufallsvariable X besitze die Dichte $f_X(x) = ce^{-\rho|x|}$, $\rho > 0$.

a) Man bestimme den Koeffizienten c.

b) Man bestimme die Verteilungsfunktion $F_X(x)$.

———————————————

a) Für eine Dichte muß gelten: $\int\limits_{-\infty}^{+\infty} f(x)\,dx = 1$ und $f(x) > 0 \; \forall x$.

Da die Dichte f symmetrisch zur y-Achse ist, gilt:

$$\frac{1}{2} = \int\limits_{0}^{\infty} f(x)\,dx$$

$$= \int\limits_{0}^{\infty} c\,e^{-\rho x}\,dx \overset{\text{[BS70]}}{=} \frac{c}{\rho} \Rightarrow c = \frac{\rho}{2}$$

$$\text{[BS70]:} \quad \int\limits_{0}^{\infty} x^n e^{-ax}\,dx = \frac{n!}{a^{n+1}}$$

$$\text{für } a > 0,\; n = 0, 1, 2, \ldots$$

b) $x \leq 0 \quad \Rightarrow f(x) = \frac{\rho}{2}\,e^{\rho x}$

$$\Rightarrow F(x) = \frac{\rho}{2} \int\limits_{-\infty}^{x} e^{\rho u}\,du = \frac{\rho}{2} \lim_{b \to -\infty} \int\limits_{b}^{x} e^{\rho u}\,du$$

$$= \frac{\rho}{2} \lim_{b \to -\infty} \left[\frac{1}{\rho}\,e^{\rho u} \right]_{u=b}^{u=x}$$

$$= \frac{\rho}{2} \lim_{b \to -\infty} \left[\frac{1}{\rho}\,e^{\rho x} - \frac{1}{\rho}\,e^{\rho b} \right] = \frac{1}{2}\,e^{\rho x}$$

$x > 0$

$$F(x) = \int\limits_{-\infty}^{x} f_X(u)\,du = \int\limits_{-\infty}^{0} f_X(u)\,du + \int\limits_{0}^{x} f_X(u)\,du$$

$$\Rightarrow F(x) = F(0) + \int\limits_{0}^{x} \frac{\rho}{2}\,e^{-\rho u}\,du = \frac{1}{2} + \frac{\rho}{2} \left[-\frac{1}{\rho}\,e^{-\rho u} \right]_{u=0}^{u=x}$$

$$= \frac{1}{2} - \frac{\rho}{2}\frac{1}{\rho}(e^{-\rho x} - 1) = 1 - \frac{1}{2}\,e^{-\rho x}$$

Damit gilt:

$$F(x) = \begin{cases} \frac{1}{2}\,e^{\rho x} & \text{für } x \leq 0 \\ 1 - \frac{1}{2}\,e^{-\rho x} & \text{für } x > 0 \end{cases}$$

Aufgabe 4.3

a) Man zeige, daß durch

$$f(x) = \frac{1}{\pi}\frac{\lambda}{\lambda^2 + (x - \mu)^2}, \quad \lambda > 0,$$

eine Dichte gegeben ist.

b) Man berechne die Verteilungsfunktion $F(x)$ der Zufallsvariablen X, die $f(x)$ als Dichte besitzt.

---

a)   Es ist $f(x) \geq 0 \;\forall x$, das heißt es muß nur gezeigt werden, daß

$$\int_{-\infty}^{+\infty} f(x)\,dx = 1 \quad \text{gilt.}$$

$$\int_{-\infty}^{+\infty} f(x)\,dx = \frac{\lambda}{\pi} \int_{-\infty}^{+\infty} \frac{1}{\lambda^2 + (x - \mu)^2}\,dx = \frac{\lambda}{\pi} \int_{-\infty}^{+\infty} \frac{1}{\lambda^2\left[1 + \left(\frac{x-\mu}{\lambda}\right)^2\right]}\,dx$$

$$= \frac{1}{\pi\lambda} \int_{-\infty}^{+\infty} \frac{1}{\left[1 + \left(\frac{x-\mu}{\lambda}\right)^2\right]}\,dx$$

Substitution: $y = \frac{x-\mu}{\lambda}$, $dy = \frac{dx}{\lambda}$

$$= \frac{1}{\pi} \int\limits_{-\infty}^{+\infty} \frac{1}{1+y^2}\, dy$$

$$\overset{[BS70]}{=} \frac{1}{\pi}[\arctan y]_{-\infty}^{+\infty} = \frac{1}{\pi}\left[\frac{\pi}{2} - \left(-\frac{\pi}{2}\right)\right]$$

$$= \frac{1}{\pi}\pi = 1$$

b) $F_X(x) = \displaystyle\int\limits_{-\infty}^{x} f(u)\, du = \frac{1}{\pi\lambda} \int\limits_{-\infty}^{x} \frac{1}{\left[1 + \left(\frac{u-\mu}{\lambda}\right)^2\right]}\, du$

Substitution: $y = \frac{u-\mu}{\lambda}$, $dy = \frac{du}{\lambda}$

$$= \frac{1}{\pi} \int\limits_{-\infty}^{(x-\mu)/\lambda} \frac{1}{1+y^2}\, dy = \frac{1}{\pi}[\arctan y]_{-\infty}^{(x-\mu)/\lambda}$$

$$= \frac{1}{\pi} \arctan((x - \mu)/\lambda) + \frac{1}{2}$$

Dies ist die Verteilungsfunktion einer Cauchy-verteilten Zufallsvariablen $X(\xi)$.

5 Kennwerte von Zufallsvariablen

Die Beschreibung zufälliger Ereignisse durch Verteilungsfunktionen oder Dichten erscheint häufig unhandlich. Insbesondere wenn man an der Beantwortung von Fragen wie z.B.

„Wie groß ist die mittlere Bitfehlerrate bei einer Richtfunk-

übertragung?"

oder

„Welche durchschnittliche Lebenserwartung hat ein Mitteleu-

ropäer?"

interessiert ist. Diese Diskussion führt auf die Untersuchung der Momente einer Zufallsvariablen.

5.1 Momente einer Zufallsvariablen

Definition 5.1-1

Im Falle seiner Existenz heißt

$$E(X) = \int\limits_{-\infty}^{\infty} x f(x)\, dx \qquad (5.1\text{-}1)$$

Erwartungswert *oder auch* **Mittelwert** *der Zufallsvariablen* X.

Bemerkungen:

(i) Die Forderung nach der Existenz des Integrals in (5.1-1) ist wichtig. Man kann z.B. zeigen, daß für eine Cauchy-verteilte Zufallsvariable X, deren Dichte durch

$$f(x) = \frac{1}{\pi} \frac{\lambda}{\lambda^2 + (x - \mu)^2} \quad (\lambda > 0)$$

(vergleiche auch Aufgabe 4.3) gegeben ist, der Erwartungswert nicht existiert ([Fis70], S. 188ff.).

(ii) Benutzt man (4.1-12), ist die Erwartungswertbildung für diskrete Zufallsvariablen als Spezialfall in (5.1-1) enthalten:

$$
\begin{aligned}
E(X) \quad &= \quad \int\limits_{-\infty}^{\infty} x f(x)\, dx \\[2mm]
&\overset{(4.1\text{-}12)}{=} \quad \int\limits_{-\infty}^{\infty} x \sum_{n=1}^{\infty} P(X = x_n)\delta(x - x_n)\, dx \\[2mm]
&= \quad \sum_{n=1}^{\infty} P(X = x_n) \int\limits_{-\infty}^{\infty} x\delta(x - x_n)\, dx \\[2mm]
&\overset{(C\text{-}3)}{=} \quad \sum_{n=1}^{\infty} x_n p_n
\end{aligned}
\qquad (5.1\text{-}2)
$$

Beispiele:

(i) X sei eine $\mathcal{N}(\mu; \sigma^2)$-verteilte Zufallsvariable, d.h. ihre Dichte ist nach (4.2-4)

$$
f(x) = \frac{1}{\sqrt{2\pi}\,\sigma} \exp\left(-\frac{(x-\mu)^2}{2\sigma^2}\right).
$$

$$
\begin{aligned}
E(X) \quad &= \quad \frac{1}{\sqrt{2\pi}\,\sigma} \int\limits_{-\infty}^{\infty} x \exp\left(-\frac{(x-\mu)^2}{2\sigma^2}\right) dx \\[2mm]
&\overset{y=\frac{x-\mu}{\sigma}}{=} \quad \frac{1}{\sqrt{2\pi}\,\sigma} \int\limits_{-\infty}^{\infty} (\sigma y + \mu) \exp\left(-\frac{y^2}{2}\right) \sigma\, dy
\end{aligned}
$$

$$= \frac{1}{\sqrt{2\pi}}\sigma \underbrace{\int_{-\infty}^{\infty} y \exp\left(-\frac{y^2}{2}\right) dy}_{=0}$$

$$+ \mu \frac{1}{\sqrt{2\pi}} \underbrace{\int_{-\infty}^{\infty} \exp\left(-\frac{y^2}{2}\right) dy}_{=1}$$

$$= \mu$$

(ii) Der einmalige Wurf eines idealen Würfels ergibt die in Bild 4.1-2 gezeigten Einzelwahrscheinlichkeiten. Damit erhält man für den Erwartungswert der Zufallsvariablen X, die das Wurfergebnis beschreibt, nach (5.1-2):

$$E(X) = \sum_{n=1}^{6} x_n p_n = \frac{1}{6} \sum_{n=1}^{6} n$$

$$= \frac{1}{6}\left(\frac{7 \cdot 6}{2}\right) = \frac{21}{6} = 3{,}5$$

Definition 5.1-2

Im Falle seiner Existenz heißt der Erwartungswert

$$E(X^k) = \int_{-\infty}^{\infty} x^k f(x)\, dx \tag{5.1-3}$$

*das **k-te** Moment der Zufallsvariablen X. Der Erwartungswert*

$$E\left([X - E(X)]^k\right) = \int_{-\infty}^{\infty} [x - E(X)]^k f(x)\, dx \tag{5.1-4}$$

*ist das **k-te** zentrale Moment der Zufallsvariablen X.*

Bemerkung:

Von besonderer Bedeutung ist das durch

$$D^2(X) = E\left([X - E(X)]^2\right) = \text{var}(X) \tag{5.1-5}$$

gegebene zweite zentrale Moment. Es heißt **Varianz** (oder auch **Dispersion**) der Zufallsvariablen X.

$$D(X) = \sqrt{E\left([X - E(X)]^2\right)}$$

ist die **Standardabweichung** der Zufallsvariablen X.

Beispiele:

(i) Varianz einer $\mathcal{N}(\mu; \sigma^2)$-verteilten Zufallsvariablen:

$$D^2(X) = \frac{1}{\sqrt{2\pi}\sigma} \int\limits_{-\infty}^{\infty} (x - \mu)^2 \exp\left(-\frac{(x - \mu)^2}{2\sigma^2}\right) dx$$

mit $y = \dfrac{x - \mu}{\sigma}$

$$= \frac{1}{\sqrt{2\pi}\sigma} \int\limits_{-\infty}^{\infty} \sigma^2 y^2 \exp\left(-\frac{y^2}{2}\right) \sigma\, dy$$

$$= \sigma^2 \underbrace{\frac{1}{\sqrt{2\pi}} \int\limits_{-\infty}^{\infty} y^2 \exp\left(-\frac{y^2}{2}\right) dy}_{=1\ (\text{[BS70]})}$$

$$= \sigma^2$$

(ii) Einmaliger Wurf eines idealen Würfels:

$$D^2(X) = \sum_{n=1}^{6} [x_n - E(X)]^2 p_n = \frac{1}{6} \sum_{n=1}^{6} [n - 3\tfrac{1}{2}]^2$$

$$= \frac{1}{6}[6{,}25 + 2{,}25 + 0{,}25 + 0{,}25 + 2{,}25 + 6{,}25]$$

$$= \frac{1}{6} \cdot 17{,}5 = \frac{35}{12}$$

Bemerkung:

Eine $\mathcal{N}(\mu; \sigma^2)$-verteilte Zufallsvariable hat den Erwartungswert μ und die Varianz σ^2. Ihr k-tes zentrales Moment ist allgemein ([Pro95], S.41):

$$E\left[(X - \mu)^k\right] = \begin{cases} 1 \cdot 3 \cdots (k - 1)\sigma^k & \text{falls } k \text{ gerade} \\ 0 & \text{falls } k \text{ ungerade} \end{cases} \qquad (5.1\text{-}6)$$

D.h.: Sind von einer **Normalverteilung** Mittelwert und Varianz bekannt, kennt man sämtliche Momente dieser Verteilung.

Ist $Y = g(X)$ eine Funktion der Zufallsvariablen X (vergleiche Abschnitt 4.2), folgt für deren Erwartungswert

$$E(Y) = E(g(X)) = \int\limits_{-\infty}^{\infty} g(x)f(x)\,dx. \qquad (5.1\text{-}7)$$

Für diskrete Zufallsvariablen ergibt sich daraus mit (4.1-12) der Spezialfall

$$E(Y) = \sum_{n=1}^{\infty} P(X = x_n) \int\limits_{-\infty}^{\infty} g(x)\delta(x - x_n)\,dx$$

$$= \sum_{n=1}^{\infty} g(x_n)P(X = x_n).$$

Eine Zufallsvariable mit dem Erwartungswert $m = E(X)$ und der Varianz σ^2 wird durch

$$Y = \frac{X - m}{\sigma} \qquad (5.1\text{-}8)$$

in eine standardisierte Zufallsvariable Y, die den Erwartungswert 0 und die Varianz 1 besitzt, transformiert.

Beispiel: Die oben genannte Transformation (5.1-8), angewendet auf eine $\mathcal{N}(\mu; \sigma^2)$-verteilte Zufallsvariable X, liefert eine $\mathcal{N}(0; 1)$-verteilte Zufallsvariable Y.

Zum Abschluß dieses Abschnitts seien noch einige weitere Begriffe genannt. Dabei wird stets vorausgesetzt, daß die eventuell zur Erklärung benötigten Erwartungswerte existieren:

1. Ein Wert, für den die Dichtefunktion $f(x)$ ein lokales Maximum annimmt, heißt **Modalwert** der stetigen Zufallsvariablen X.

2. Einen Wert x_p, der den Ungleichungen

$$P(X < x_p) \le p,\ P(X > x_p) \le 1 - p \quad (0 < p < 1) \tag{5.1-9}$$

genügt, nennen wir p-**tes Quantil**.

Ist X eine stetige Zufallsvariable, ist ein p-tes Quantil ein Wert x_p, für den

$$F(x_p) = p$$

gilt. Es kann vorkommen, daß x_p nicht eindeutig ist. Dann existieren mehrere Werte x_p, mit denen die Ungleichungen (5.1-9) erfüllt sind.

Ein Quantil der Ordnung $p = \frac{1}{2}$ heißt **Median** der Zufallsvariablen X.

Die Lage von Erwartungswert, Modalwert und Median zueinander zeigt Bild 5.1-1 für ein Beispiel. Diese drei Werte fallen für normalverteilte Zufallsvariablen zusammen.

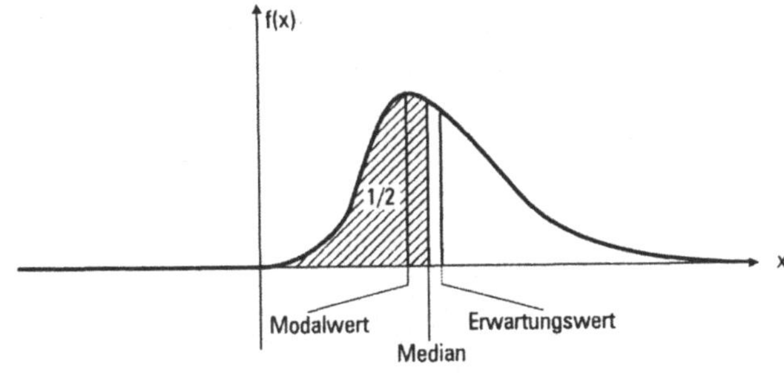

Bild 5.1-1: Lage von Erwartungswert, Modalwert und Median

3. Der Erwartungswert von $Y = |X - E(X)|^k$ heißt **absolutes zentrales Moment k-ter Ordnung**.

5.2   Charakteristische Funktion

Definition 5.2-1

Der Erwartungswert

$$\varphi(s) := E(e^{jsX}), \; s \in \mathbb{R} \tag{5.2-1}$$

heißt **charakteristische Funktion** *der Zufallsvariablen* X.

Bemerkungen:

(i) $Y = e^{jsX}$ ist eine Funktion der Zufallsvariablen X. Mit (5.1-7) ergibt sich daraus

$$\varphi(s) = \int_{-\infty}^{\infty} e^{jsx} f(x) \, dx. \tag{5.2-2}$$

Zwischen der Fourierrücktransformierten der Dichte $f(x)$ (siehe Anhang B) und $\varphi(s)$ gibt es eine beachtenswerte Ähnlichkeit, aus der folgt

$$f(x) = \frac{1}{2\pi} \int_{-\infty}^{\infty} \varphi(s) e^{-jsx} \, ds. \tag{5.2-3}$$

(ii) Für diskrete Zufallsvariablen folgt aus (4.1-12):

$$\varphi(s) = \sum_{n=1}^{\infty} e^{jsx_n} P(X = x_n) \tag{5.2-4}$$

Beispiel: X sei $\mathcal{N}(0; 1)$-verteilt.

$$\varphi(s) = \frac{1}{\sqrt{2\pi}} \int_{-\infty}^{\infty} e^{jsx} \exp\left(-\frac{x^2}{2}\right) dx$$

$$= \frac{1}{\sqrt{2\pi}} \int_{-\infty}^{\infty} \exp\left(jsx - \frac{x^2}{2}\right) dx$$

(quadratische Ergänzung)

$$= \exp\left(-\frac{s^2}{2}\right) \underbrace{\frac{1}{\sqrt{2\pi}} \int\limits_{-\infty}^{\infty} \exp\left(-\frac{(x-js)^2}{2}\right)\, dx}_{=1 \ ([BS70])}$$

$$= \exp\left(-\frac{s^2}{2}\right)$$

Für die $\mathcal{N}(\mu; \sigma^2)$-verteilte Zufallsvariable

$$Y = \sigma X + \mu$$

folgt daraus:

$$\varphi_Y(s) = E\left[e^{js(\sigma X + \mu)}\right] = E\left[e^{js\sigma X} e^{js\mu}\right]$$

$$= e^{js\mu} E\left[e^{js\sigma X}\right] = e^{js\mu} \varphi_X(\sigma s)$$

$$= e^{js\mu} \exp\left(-\frac{(\sigma s)^2}{2}\right) \tag{5.2-5}$$

Satz 5.2-1

Existiert das k-te Moment der Zufallsvariablen X, ist es durch

$$E(X^k) = \frac{\varphi^{(k)}(0)}{j^k}, \ (k = 1, 2, \ldots) \tag{5.2-6}$$

gegeben.

Beweis: Es ist

$$\varphi(s) = \int\limits_{-\infty}^{\infty} e^{jsx} f(x)\, dx.$$

k-maliges Differenzieren nach s liefert:

$$\varphi^{(k)}(s) = \frac{d^k \varphi(s)}{ds^k} = (j)^k \int\limits_{-\infty}^{\infty} x^k e^{jsx} f(x)\, dx$$

und das letzte Integral existiert, da das k-te Moment von X existiert. Für $s = 0$ folgt:

$$\varphi^{(k)}(0) = (j)^k E(X^k)$$

Beispiel: X sei $\mathcal{N}(\mu; \sigma^2)$-verteilt.

$$\varphi(s) \overset{(5.2\text{-}5)}{=} \exp\left(js\mu - \frac{\sigma^2 s^2}{2}\right)$$

$$\varphi'(s) = [j\mu - \sigma^2 s]\exp\left(js\mu - \frac{\sigma^2 s^2}{2}\right)$$

$$E(X) = \frac{\varphi'(0)}{j} = \mu$$

Bemerkung:

Aus (5.2-6) folgt (bei vorausgesetzter Existenz) für die Varianz von X

$$D^2(X) = \frac{\varphi''(0)}{j^2} - \left(\frac{\varphi'(0)}{j}\right)^2$$

$$= -\varphi''(0) + [\varphi'(0)]^2 \,.$$

Ist X eine diskrete Zufallsvariable, die nur nichtnegative ganzzahlige Werte annimmt, folgt aus (5.2-4)

$$\varphi(s) = \sum_{n=0}^{\infty} \left(e^{js}\right)^n P(X = n),$$

d.h. $\varphi(s)$ ist eine Potenzreihe in $z = e^{js}$.

Definition 5.2-2

Ist X eine Zufallsvariable, die nur nichtnegative ganzzahlige Werte n $(n = 0, 1, 2, \ldots)$ annimmt, heißt

$$\psi(z) = E\{z^X\} = \sum_{n=0}^{\infty} z^n P(X = n) \qquad (5.2\text{-}7)$$

$(z \in \mathbf{C}, |z| \leq 1)$

*die **erzeugende Funktion** von X.*

Bemerkung:

Wegen $\psi(1) = \sum_{n=0}^{\infty} P(X = n) = 1$ konvergiert $\psi(z)$ für $|z| \leq 1$ absolut und gleichmäßig. $\psi(z)$ ist stetig. Die Funktion $\psi(z)$ bestimmt in eindeutiger Weise die Verteilung von X, d.h. die Werte $P(X = n)$, da sie sich nur auf genau eine Weise als Potenzreihe darstellen läßt.

Existiert das k-te Moment von X, läßt es sich mit Hilfe der Ableitungen der Funktion $\psi(z)$ bis zur Ordnung k bestimmen.

5.3 Übungsaufgaben

Aufgabe 5.1

Bei einem verfälschten Würfel besitzt die Zufallsvariable X der Augenzahlen folgende Verteilung:

Augenzahl x_n	1	2	3	4	5	6
$P(X = x_n)$	0,1	0,15	0,2	0,1	0,15	0,3

a) Man trage die Einzelwahrscheinlichkeiten über den Augenzahlen x_n auf.

b) Man zeichne die Verteilungsfunktion von X.

c) Man berechne den Erwartungswert $E(X)$, den Median und die Varianz $D^2(X)$ von X.

---

a), b) Einzelwahrscheinlichkeiten als Funktion der x_n und Verteilungsfunktion von X.

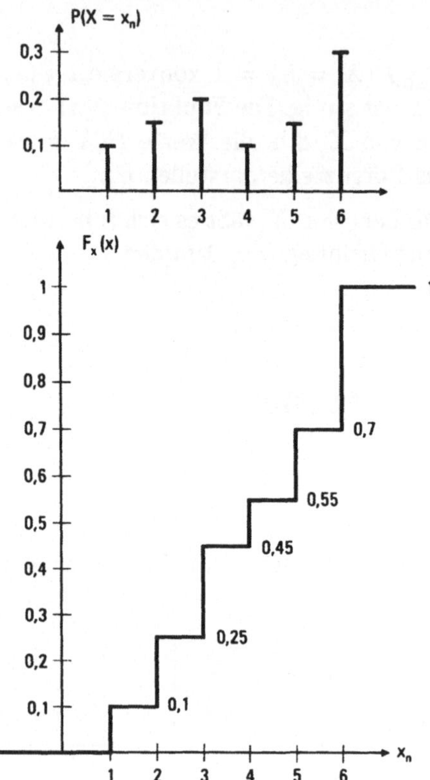

Bild 5.3-1: Einzelwahrscheinlichkeiten und Verteilungsfunktion

c) • $E(X) \stackrel{(5.1\text{-}2)}{=} \sum_{n=1}^{6} x_n P(X = x_n)$

$\Rightarrow E(X) = 1 \cdot 0,1 + 2 \cdot 0,15 + 3 \cdot 0,2 + 4 \cdot 0,1 + 5 \cdot 0,15$
$\qquad\qquad + 6 \cdot 0,3 = 3,95$

• Median: $P(X < x_p) \leq p; P(X > x_p) \leq 1 - p, p = \frac{1}{2}$
$P(X < 4) = P(X \leq 3) = 0,45 \leq 0,5$
$P(X > 4) = 1 - P(X \leq 4) = 1 - 0,55 = 0,45 \leq 0,5$
$x_{\frac{1}{2}} = 4$
Der Median ist in diesem Fall eindeutig.

• $D^2(x) \stackrel{(5.1\text{-}5)}{:=} E([X - E(X)]^2)$

$$E([X - E(X)]^2) = \sum_{n=1}^{6} (x_n - E(X))^2 P(X = x_n)$$

$$= (-2{,}95)^2 \cdot 0{,}1 + (-1{,}95)^2$$

$$\cdot\, 0{,}15 + (-0{,}95)^2 \cdot 0{,}2$$

$$+ (0{,}05)^2 \cdot 0{,}1 + (1{,}05)^2$$

$$\cdot\, 0{,}15 + (2{,}05)^2 \cdot 0{,}3$$

$$= 3{,}0475$$

Aufgabe 5.2

Man zeige für eine stetige Zufallsvariable X, für die die ersten beiden Momente existieren, und $Y = aX + b$ mit $a, b \in \mathbb{R}$ folgende Beziehungen:

a) $E(Y) = aE(X) + b$

b) $D^2(Y) = a^2 D^2(X)$

c) $D^2(X) = E(X^2) - E^2(X)$

---

a)
$$E(Y) = E(aX + b) \stackrel{(5.1\text{-}7)}{=} \int_{-\infty}^{\infty} (ax + b) f(x)\, dx$$

$$= \int_{-\infty}^{\infty} (ax f(x) + b f(x))\, dx$$

$$= a \cdot \int_{-\infty}^{\infty} x f(x)\, dx + b \cdot \underbrace{\int_{-\infty}^{\infty} f(x)\, dx}_{=1}$$

Da $E(X)$ existiert, gilt:

$$E(Y) = a \cdot E(X) + b$$

b) $\quad D^2(Y) \quad = \quad D^2(aX + b)$

$$\overset{(5.1\text{-}5)}{=} \; E\left([aX + b - E(aX + b)]^2\right)$$

$$\overset{a)}{=} \; E\left([aX + b - aE(X) - b]^2\right)$$

$$= \; E\left([a(X - E(X))]^2\right)$$

$$= \; E\left(a^2(X - E(X))^2\right)$$

$$\overset{a)}{=} \; a^2 E[(X - E(X))^2] = a^2 D^2(X)$$

c) $\quad D^2(X) \quad \overset{(5.1\text{-}5)}{=} \quad E\left([X - E(X)]^2\right)$

$$= E\left(X^2 - 2E(X)X + E^2(X)\right) = E\left(g(X)\right)$$

$$\overset{\text{Definition } 5.1\text{-}1}{=} \int_{-\infty}^{\infty} \left(x^2 - 2E(X)x + E^2(X)\right) \cdot f(x)\, dx$$

$$= \int_{-\infty}^{\infty} x^2 f(x)\, dx - \int_{-\infty}^{\infty} 2E(X)x f(x)\, dx$$

$$+ \int_{-\infty}^{\infty} E^2(X) f(x)\, dx$$

$$= E(X^2) - 2E(X)E(X) + E^2(X) \cdot \underbrace{\int_{-\infty}^{\infty} f(x)\, dx}_{=1}$$

$$= E(X^2) - E^2(X)$$

Aufgabe 5.3

Gegeben sei die rayleighverteilte Zufallsvariable R mit der Dichte

$$f_R(r) = \begin{cases} \dfrac{r}{\sigma^2}\,\exp\left(\dfrac{-r^2}{2\sigma^2}\right) & \text{für } r \geq 0 \\[2mm] 0 & \text{sonst.} \end{cases}$$

a) Man berechne die Verteilungsfunktion von R.

b) Man berechne den Erwartungswert $E(R)$ von R.

c) Man berechne die Varianz $D^2(R)$ von R.

---

a) $F_R(r) = 0$ für $r < 0$.

   Für $r \geq 0$ gilt:

$$F_R(r) = \int\limits_0^r \frac{t}{\sigma^2}\,\exp\left\{-\frac{t^2}{2\sigma^2}\right\}\,dt = \left[-\exp\left\{-\frac{t^2}{2\sigma^2}\right\}\right]_0^r$$

$$= 1 - \exp\left\{-\frac{r^2}{2\sigma^2}\right\}$$

Wegen $\lim\limits_{r\to\infty} F_R(r) = 1$ und, weil $f_R(r) \geq 0\ \forall r$ gilt, ist $f_R(r)$ eine Dichte. Die Verteilungsfunktion der Rayleigh-Verteilung lautet:

$$F_R(r) = \begin{cases} 1 - \exp\left\{-\frac{r^2}{2\sigma^2}\right\} & \text{für } r \geq 0 \\[2mm] 0 & \text{sonst} \end{cases}$$

b)
$$E(R) = \int_{-\infty}^{\infty} r f_R(r)\, dr = \int_{0}^{\infty} \frac{r^2}{\sigma^2} \exp\left\{-\frac{r^2}{2\sigma^2}\right\} dr$$

[BS70]:
$$\int_{0}^{\infty} x^n \exp\left\{-ax^2\right\} dx =$$

$$= \begin{cases} \dfrac{1\cdot 3\cdot\ldots\cdot(2k-1)\sqrt{\pi}}{2^{k+1} a^{k+0.5}} & \text{für } n \text{ gerade } (n = 2k) \\[2ex] \dfrac{k!}{2a^{k+1}} & \text{für } n \text{ ungerade } (n = 2k+1) \end{cases}$$

$$E(R) = \frac{1}{\sigma^2} \frac{\sqrt{\pi}}{2^2 \left(\frac{1}{2\sigma^2}\right)^{1+0.5}}$$

$$= \frac{\sqrt{2\sigma^2}\, 2\sigma^2 \sqrt{\pi}}{4\sigma^2} = \sigma\sqrt{\frac{\pi}{2}}$$

c)
$$E(R^2) = \int_{-\infty}^{\infty} r^2 f_R(r)\, dr$$

$$= \int_{0}^{\infty} \frac{r^3}{\sigma^2} \exp\left\{-\frac{r^2}{2\sigma^2}\right\} dr$$

$$= \frac{1}{\sigma^2} \frac{1}{2\left(\frac{1}{2\sigma^2}\right)^2}$$

$$= 2\sigma^2$$

Mit Aufgabe 5.2:

$$D^2(R) = E(R^2) - [E(R)]^2$$

$$= 2\sigma^2 - 2\sigma^2 \frac{\pi}{4}$$

$$= 2\sigma^2 \left(1 - \frac{\pi}{4}\right)$$

Aufgabe 5.4

Gegeben sei die diskrete, poissonverteilte Zufallsvariable X, die die Werte $K = 0, 1, 2, \ldots$ mit den Wahrscheinlichkeiten

$$P(X = K) = \frac{\lambda^K}{K!}\ e^{-\lambda} \qquad , \lambda > 0$$

annimmt.

a) Man berechne die charakteristische Funktion $\varphi(s)$ der Poissonverteilung.

b) Man berechne mit Hilfe von $\varphi(s)$ den Erwartungswert $E(X)$ und die Varianz $D^2(X)$.

---

a) $\qquad \varphi(s) = \sum_{K=0}^{\infty} e^{jsK} P(X = K)$

$$= \sum_{K=0}^{\infty} e^{jsK} \frac{\lambda^K}{K!}\ e^{-\lambda}$$

$$= e^{-\lambda} \sum_{K=0}^{\infty} \frac{(\lambda e^{js})^K}{K!}$$

wegen $\qquad \displaystyle\sum_{K=0}^{+\infty} \frac{x^K}{K!} = e^x \qquad \text{für } |x| < \infty$

$$= e^{-\lambda} \exp\left\{\lambda e^{js}\right\}$$

$$= \exp\left\{\lambda(e^{js} - 1)\right\}$$

b) Mit Gleichung (5.2-6) ergibt sich:

$$E(X) = \frac{\varphi^{(1)}(0)}{j}$$

$$E(X) = \left. \frac{\lambda j e^{js} \cdot e^{\lambda(e^{js} - 1)}}{j} \right|_{s=0}$$

$$= \frac{\lambda j}{j} = \lambda$$

Mit Aufgabe 5.2:

$$D^2(X) = E(X^2) - E^2(X)$$

$$E(X^2) = \frac{\varphi^{(2)}(0)}{j^2}$$

$$E(X^2) = (-1) \cdot \left(\lambda j^2 e^{js} \cdot \exp\left\{ \lambda(e^{js} - 1) \right\} + (\lambda j e^{js})^2 \right.$$

$$\left. \cdot \exp\left\{ \lambda(e^{js} - 1) \right\} \right) \Big|_{s=0}$$

$$= (-1) \cdot (-\lambda + (j\lambda)^2)$$

$$= \lambda^2 + \lambda$$

$$D^2(X) = E(X^2) - E^2(X)$$

$$= \lambda^2 + \lambda - \lambda^2 = \lambda$$

Aufgabe 5.5

Gegeben sei die rayleighverteilte Zufallsvariable R aus Aufgabe 5.3.

a) Man berechne die Dichte der Zufallsvariablen X, die
   durch $X = \frac{R^2}{2\sigma^2}$ gegeben ist.

b) Man berechne die charakteristische Funktion von X.

c) Man berechne Erwartungswert und Varianz von X.

a) Anwendung von (4.2-9) ergibt:

$$X \quad = \quad g(R) = \frac{R^2}{2 \cdot \sigma^2}$$

$$g'(R) \quad = \quad \frac{R}{\sigma^2}$$

Wurzeln: $\qquad r_1 = +\sqrt{2\sigma^2 x} \quad r_2 = -\sqrt{2\sigma^2 x}$

$$f_X(x) \quad = \quad \frac{f_R(r_1)}{|g'(r_1)|} + \underbrace{\frac{f_R(r_2)}{|g'(r_2)|}}_{=0 \text{ da } r_2 < 0}$$

$$= \quad \frac{\frac{\sqrt{2\sigma^2 x}}{\sigma^2} \exp\left\{-\frac{2\sigma^2 x}{2\sigma^2}\right\}}{\frac{\sqrt{2\sigma^2 x}}{\sigma^2}}$$

$$= \quad e^{-x}$$

$$\Rightarrow f_X(x) \quad = \quad \begin{cases} e^{-x} & \text{für } x \geq 0 \\ 0 & \text{sonst} \end{cases}$$

b) $\quad \varphi(s) \quad = \quad \displaystyle\int_0^\infty e^{jsx} \cdot e^{-x}\, dx = \int_0^\infty e^{-x}(\cos(sx) + j\sin(sx))\, dx$

$$= \quad \int_0^\infty e^{-x}\cos(sx)\, dx + j\int_0^\infty e^{-x}\sin(sx)\, dx$$

$$\overset{\text{[BS70]}}{=} \quad \left[\frac{e^{-x}}{1+s^2}(-\cos(sx) + s\sin(sx))\right]_0^\infty$$

$$+j\left[\frac{e^{-x}}{1+s^2}(-\sin(sx) - s\cos(sx))\right]_0^\infty$$

$$= \quad \frac{-1}{1+s^2}(-1) + j\left(\frac{-1}{1+s^2}(-s)\right)$$

$$= \quad \frac{1+js}{1+s^2} = \frac{1+js}{(1+js)(1-js)} = \frac{1}{1-js}$$

c) $\quad E(X) \;=\; \dfrac{\varphi^{(1)}(0)}{j} = \dfrac{j}{(1-js)^2 j}\bigg|_{s=0} = 1$

$\quad E(X^2) \;=\; \dfrac{\varphi^{(2)}(0)}{j^2} = \dfrac{-2}{(1-js)^3\, j^2}\bigg|_{s=0} = 2$

$\quad D^2(X) \;=\; E(X^2) - E^2(X) = 2 - 1 = 1$

Aufgabe 5.6

Die Zufallsvariable X sei normalverteilt mit Erwartungswert μ und Varianz σ^2.

a) Man berechne die Dichte von $Y = X^2$.

b) Man berechne den Erwartungswert $E(Y)$ von Y.

---

a) Mit der Formel (4.2-9) ergibt sich:

$$Y = g(X) = X^2 \quad g'(X) = 2X \quad y \geq 0$$

Wurzeln: $x_1 = \sqrt{y} \quad x_2 = -\sqrt{y}$

$$f_Y(y) = \frac{f_X(x_1)}{|g'(x_1)|} + \frac{f_X(x_2)}{|g'(x_2)|}$$

$$= \frac{1}{2\sqrt{2\pi y}\sigma}\left[\exp\left(\frac{-(\sqrt{y}-\mu)^2}{2\sigma^2}\right)\right.$$

$$\left. + \exp\left(\frac{-(-\sqrt{y}-\mu)^2}{2\sigma^2}\right)\right]$$

$$
= \frac{1}{2\sqrt{2\pi y}\,\sigma}\left[\exp\left(\frac{-(y-2\sqrt{y}\mu+\mu^2)}{2\sigma^2}\right)\right.
$$

$$
\left. +\exp\left(\frac{-(y+2\sqrt{y}\mu+\mu^2)}{2\sigma^2}\right)\right]
$$

$$
= \frac{1}{\sqrt{2\pi y}\,\sigma}\exp\left(\frac{-(y+\mu^2)}{2\sigma^2}\right)
$$

$$
\cdot\frac{1}{2}\left[\exp\left(\frac{2\sqrt{y}\mu}{2\sigma^2}\right)+\exp\left(-\frac{2\sqrt{y}\mu}{2\sigma^2}\right)\right]
$$

$$
= \frac{1}{\sqrt{2\pi y}\,\sigma}\exp\left(\frac{-(y+\mu^2)}{2\sigma^2}\right)\cosh\left(\frac{\sqrt{y}\mu}{\sigma^2}\right)
$$

$$
\text{für } y\geq 0
$$

Für $y<0$ verschwindet $f_Y(y)$.

Dies ist die Dichte einer nichtzentralen χ_1^2-Verteilung (vergleiche Abschnitt 7.7).

b) $\quad E(Y)=\displaystyle\int_{-\infty}^{\infty} y f_Y(y)\,dy$

$$
= \int_0^{\infty}\frac{y}{2\sqrt{2\pi y}\,\sigma}\left[\exp\left(\frac{-(\sqrt{y}-\mu)^2}{2\sigma^2}\right)\right.
$$

$$
\left. +\exp\left(\frac{-(-\sqrt{y}-\mu)^2}{2\sigma^2}\right)\right]dy
$$

$$
= \frac{1}{2\sqrt{2\pi}\,\sigma}\left[\int_0^{\infty}\sqrt{y}\,\exp\left(\frac{-(\sqrt{y}-\mu)^2}{2\sigma^2}\right)dy\right.
$$

$$
\left. +\int_0^{\infty}\sqrt{y}\,\exp\left(\frac{-(\sqrt{y}+\mu)^2}{2\sigma^2}\right)dy\right]
$$

Substitution: $z = \sqrt{y} \mp \mu \quad (z \pm \mu)^2 = y \quad \frac{dy}{dz} = 2(z \pm \mu)$

$$= \frac{1}{2\sqrt{2\pi}\sigma} \left[\int_{-\mu}^{\infty} 2(z+\mu)^2 \exp\left\{-\frac{z^2}{2\sigma^2}\right\} dz \right.$$

$$\left. + \int_{+\mu}^{\infty} 2(z-\mu)^2 \exp\left\{-\frac{z^2}{2\sigma^2}\right\} dz \right]$$

$$= \frac{1}{\sqrt{2\pi}\sigma} \left[\int_{-\mu}^{0} (z+\mu)^2 \exp\left\{-\frac{z^2}{2\sigma^2}\right\} dz \right.$$

$$+ \int_{0}^{\infty} (z+\mu)^2 \exp\left\{-\frac{z^2}{2\sigma^2}\right\} dz$$

$$+ \int_{0}^{\infty} (z-\mu)^2 \exp\left\{-\frac{z^2}{2\sigma^2}\right\} dz$$

$$\left. - \int_{0}^{\mu} (z-\mu)^2 \exp\left\{-\frac{z^2}{2\sigma^2}\right\} dz \right]$$

Substitution im vierten Integral: $v = -z \quad \frac{dv}{dz} = -1$

$$= \frac{1}{\sqrt{2\pi}\sigma} \left[\int_{0}^{\infty} (z^2 + 2z\mu + \mu^2) \exp\left\{-\frac{z^2}{2\sigma^2}\right\} dz \right.$$

$$+ \int_{0}^{\infty} (z^2 - 2z\mu + \mu^2) \exp\left\{-\frac{z^2}{2\sigma^2}\right\} dz$$

$$+ \int_{-\mu}^{0} (z+\mu)^2 \exp\left\{-\frac{z^2}{2\sigma^2}\right\} dz + \left. \int_{0}^{-\mu} (-v-\mu)^2 \exp\left\{-\frac{v^2}{2\sigma^2}\right\} dv \right]$$

$$= \frac{1}{\sqrt{2\pi}\sigma} \left[2 \int_0^\infty z^2 \exp\left\{ -\frac{z^2}{2\sigma^2} \right\} \, dz \right.$$

$$+ 2 \int_0^\infty \mu^2 \exp\left\{ -\frac{z^2}{2\sigma^2} \right\} \, dz$$

$$+ \int_{-\mu}^0 (z + \mu)^2 \exp\left\{ -\frac{z^2}{2\sigma^2} \right\} \, dz$$

$$\left. - \int_{-\mu}^0 (v + \mu)^2 \exp\left\{ -\frac{v^2}{2\sigma^2} \right\} \, dv \right]$$

$$\overset{[BS70]}{=} \frac{2}{\sqrt{2\pi}\sigma} \left[\frac{\sqrt{\pi}}{4 \left(\frac{1}{2\sigma^2}\right)^{1+1/2}} + \mu^2 \frac{\sqrt{\pi}}{2 \left(\frac{1}{2\sigma^2}\right)^{1/2}} \right]$$

$$= \frac{1}{\sqrt{2}\sigma} \left[\frac{2\sigma^2 \sqrt{2}\sigma}{2} + \mu^2 \sqrt{2}\sigma \right]$$

$$= \sigma^2 + \mu^2$$

6 Spezielle Wahrscheinlichkeitsverteilungen

In der Wahrscheinlichkeitstheorie treten bestimmte Verteilungen immer wieder auf, da sie sich als Modelle realer Zufallserscheinungen bewährt haben. Die wichtigsten und bekanntesten dieser Verteilungen wollen wir im folgenden kennenlernen. Die Grundbegriffe aus der Kombinatorik sind im Anhang A zusammengestellt.

6.1 Die Zweipunktverteilung

Die Zufallsvariable X besitzt eine Zweipunktverteilung, wenn sie genau zwei Werte x_1 und x_2 ($x_2 < x_1$) mit positiver Wahrscheinlichkeit annehmen kann. Eine andere Bezeichnung für die Zweipunktverteilung ist Binärverteilung. Insbesondere ergibt sich für $x_1 = 1$, $x_2 = 0$ die Null-Eins-Verteilung.

Modell: Es wird ein Versuch ausgeführt, bei dem entweder das Ereignis $A = \{X = x_1\}$ oder $\bar{A} = \{X = x_2\}$ eintritt.

Wahrscheinlichkeitsverteilung:

$$P(A) = P(X = x_1) = p$$

$$P(\overline{A}) = P(X = x_2) = 1 - p$$

$$F(x) = \begin{cases} 0 & \text{für } x < x_2 \\ 1 - p & \text{für } x_2 \leq x < x_1 \\ 1 & \text{für } x \geq x_1 \end{cases}$$

$$E(X) = x_1 p + x_2(1 - p)$$

$$D^2(X) = (x_1 - x_2)^2 p(1 - p)$$

$$\varphi(s) = e^{jsx_2} + p\left[e^{jsx_1} - e^{jsx_2}\right]$$

Beispiele:

(i) Münzwurf

(ii) Ein Radargerät detektiert nach Absenden eines Impulses mit Wahrscheinlichkeit p ein Echo.

6.2   Die Binomialverteilung

Modell: Grundlage der Binomialverteilung ist das **Bernoullische Versuchsschema:**
Es werden N voneinander unabhängige, sonst jedoch identische Versuche mit jeweils zwei Ausgängen $(A,\overline{A})$ durchgeführt mit

$$P(A) = p \quad (0 < p < 1).$$

Wir betrachten die diskrete Zufallsvariable X_N, die die Anzahl der Versuche (von insgesamt N), in denen A eintritt, zählt. X_N kann also die Werte $n = 0, 1, \ldots, N$ annehmen.

Sonderfall:

Für $N = 1$ ist X_1 null-eins-verteilt.

Wahrscheinlichkeitsverteilung:

Gesucht ist $P(X_N = K), 0 \leq K \leq N$. Da die Versuche im Bernoulli Schema unabhängig voneinander durchgeführt werden, tritt, wenn $X_N = K$ ist, A genau K-mal und $\overline{A}$ genau $(N - K)$-mal auf, d.h. wenn man die Anzahl der möglichen Kombinationen (ohne Wiederholung!) berücksichtigt, folgt:

$$P(X_N = K) = \binom{N}{K} p^K (1 - p)^{N-K} \tag{6.2-1}$$

$$F(x) = \sum_{K \leq x} \binom{N}{K} p^K (1 - p)^{N-K} \tag{6.2-2}$$

$$E(X_N) = Np$$

$$D^2(X_N) = Np(1 - p)$$

$$\varphi(s) = \left[1 + p(e^{js} - 1)\right]^N$$

Beispiel: Bei der Übertragung eines 8-bit-Wortes (Byte) wird jedes Bit mit Wahrscheinlichkeit 0,2 falsch empfangen. Die Übertragung der einzelnen Bits erfolgt unabhängig voneinander:

(a) Wie groß ist die Wahrscheinlichkeit dafür, daß das ganze Byte korrekt übertragen wird?

(b) Wie groß ist die Wahrscheinlichkeit für das Auftreten von genau 2 Bitfehlern?

(c) Wie groß ist die Wahrscheinlichkeit für das Auftreten von höchstens 2 Bitfehlern?

(d) Wie groß ist die Wahrscheinlichkeit für das Auftreten von mindestens 2 Bitfehlern?

Es ist:

$$P(X_8 = 0) = \binom{8}{0} 0{,}2^0 (1 - 0{,}2)^8 = 0{,}8^8 \approx 0{,}168$$

$$P(X_8 = 1) = \binom{8}{1} 0{,}2^1 (1 - 0{,}2)^7 = 8 \cdot 0{,}2 \cdot 0{,}8^7$$

$$\approx 0{,}336$$

$$P(X_8 = 2) = \binom{8}{2} 0{,}2^2 (1 - 0{,}2)^6 = 28 \cdot 0{,}2^2 \cdot 0{,}8^6$$

$$\approx 0{,}294$$

(a) $P(X_8 = 0)$ $\approx 0{,}168$

(b) $P(X_8 = 2)$ $\approx 0{,}294$

(c) $P(X_8 \leq 2)$ $= P(X_8 = 0) + P(X_8 = 1) + P(X_8 = 2)$

$\approx 0{,}168 + 0{,}336 + 0{,}294 = 0{,}798$

(d) $P(X_8 \geq 2)$ $= 1 - P(X_8 < 2)$

$= 1 - P(X_8 = 0) - P(X_8 = 1)$

$\approx 1 - 0{,}168 - 0{,}336 = 0{,}496$

(vergleiche auch Bild 6.2-1)

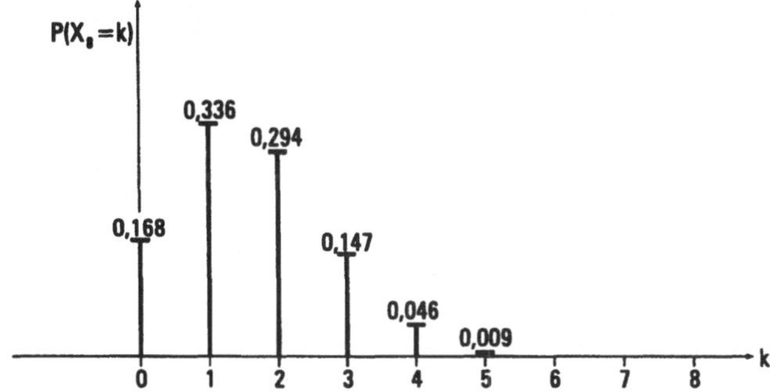

Bild 6.2-1: Beispiel zur Binomialverteilung ($p = 0{,}2$), gerundete Werte

Bemerkungen:

(i) N und p sind die Parameter der Binomialverteilung.

(ii) Die absolute Häufigkeit $X_N = h_N(A)$ eines Ereignisses A mit $p = P(A)$ in N unabhängigen Wiederholungen eines Zufallsexperiments unterliegt einer Binomialverteilung mit den Parametern N und p:

Für die relative Häufigkeit $H_N(A) = \frac{1}{N} h_N(A)$ gilt also, wenn sie als Zufallsvariable interpretiert wird,

$$E(H_N(A)) = p = P(A)$$

$$D^2(H_N(A)) = \frac{p(1-p)}{N}.$$

6.3 Die Polynomialverteilung

Modell: Ein Versuch werde N-mal wiederholt. Als Ergebnis jedes Versuchs kann eines der paarweise einander ausschließenden Ereignisse A_j ($j = 1, 2, \ldots, r+1$) mit der Wahrscheinlichkeit $p_j = P(A_j)$, wobei $p_1 + p_2 + \cdots + p_{r+1} = 1$ gilt, eintreten.

Wir betrachten die vektorwertige (vergleiche Kapitel 7), diskrete Zufallsvariable $(X_1, X_2, \ldots, X_{r+1})^T$, wobei $X_j = K_j$ bedeutet, daß A_j genau K_j-mal eintritt. Dann gilt für die

Wahrscheinlichkeitsverteilung:

$$P(X_1 = K_1, X_2 = K_2, \ldots, X_{r+1} = K_{r+1}) =$$

$$= \frac{N!}{K_1! \cdot K_2! \cdots K_{r+1}!} \cdot p_1^{K_1} p_2^{K_2} \cdots p_{r+1}^{K_{r+1}}, \quad (6.3\text{-}1)$$

wobei $K_1 + K_2 + \cdots + K_{r+1} = N$ ist.

(6.3-1) gibt also die Wahrscheinlichkeit dafür, daß A_1 genau K_1-mal, A_2 genau K_2-mal, $\ldots$, A_{r+1} genau K_{r+1}-mal auftritt, an.

Für die Zufallsvariablen $X_1, X_2, \ldots, X_{r+1}$ folgt immer

$$X_1 + X_2 + \cdots + X_{r+1} = N,$$

d.h. man kann

$$X_{r+1} = N - X_r - X_{r-1} - \cdots - X_1$$

schreiben. (6.3-1) kann damit auch in der Form

$$P(X_1 = K_1, X_2 = K_2, \ldots, X_r = K_r) =$$

$$= \frac{N!}{K_1! \cdots K_r!(N - K)!} \cdot p_1^{K_1} p_2^{K_2} \cdots p_r^{K_r} q^{N-K} \quad (6.3\text{-}2)$$

dargestellt werden, wobei

$$K = K_1 + K_2 + \cdots + K_r, \ q = 1 - p_1 - p_2 - \cdots - p_r \text{ gilt.}$$

6.4   Die Poissonverteilung

Die Poissonsche Verteilung kann aus der Binomialverteilung hergeleitet werden. Dieses besagt der folgende 1837 von Poisson bewiesene

Satz 6.4-1   [Fis70]

Die diskrete Zufallsvariable X_N habe die durch (6.2-1)

$$P(X_N = K) = \binom{N}{K} p^K (1 - p)^{N-K}$$

gegebene Binomialverteilung. Gilt mit der Konstanten $\lambda > 0$ für $N = 1, 2, 3, \ldots$ die Beziehung

$$p = \frac{\lambda}{N}, \tag{6.4-1}$$

dann ist

$$\lim_{N \to \infty} P(X_N = K) = \frac{\lambda^K}{K!} e^{-\lambda}. \tag{6.4-2}$$

Beweis: (6.4-1) in (6.2-1) eingesetzt, liefert:

$$P(X_N = K) = \frac{N!}{K!(N-K)!} \left(\frac{\lambda}{N}\right)^K \left(1 - \frac{\lambda}{N}\right)^{N-K}$$

$$= \frac{\lambda^K}{K!} \left(1 - \frac{\lambda}{N}\right)^N \frac{N(N-1)\cdots(N-K+1)}{N^K}$$

$$\cdot \frac{1}{\left(1 - \frac{\lambda}{N}\right)^K}$$

$$= \frac{\lambda^K}{K!} \left(1 - \frac{\lambda}{N}\right)^N \frac{1 \cdot \left(1 - \frac{1}{N}\right) \cdots \left(1 - \frac{K-1}{N}\right)}{\left(1 - \frac{\lambda}{N}\right)^K}$$

Beachtet man nun, daß der dritte Faktor auf der rechten Seite dieser Gleichung für $N \to \infty$ gegen 1 konvergiert und daß

$$\lim_{N \to \infty} \left(1 - \frac{\lambda}{N}\right)^N = e^{-\lambda}$$

gilt, folgt (6.4-2).

Definition 6.4-1

Eine Zufallsvariable X, die die Werte $K = 0, 1, 2, \ldots$ mit den Wahrscheinlichkeiten (6.4-2)

$$P(X = K) = \frac{\lambda^K}{K!} e^{-\lambda} \quad (\lambda > 0)$$

annimmt, ist mit dem Parameter λ **poissonverteilt.**

Bemerkung:

Es gilt für die Zufallsvariable X aus Definition 6.4-1:

$$E(X) = \lambda, \quad D^2(X) = \lambda, \quad \varphi(s) = \exp(\lambda(e^{js} - 1))$$

Bild 6.4-1(a) stellt die Binomialverteilung für $N = 5$ und $p = 0{,}3$ (also $\lambda = Np = 1{,}5$) und die Wahrscheinlichkeitsverteilung einer poissonverteilten Zufallsvariablen mit demselben Mittelwert $\lambda = 1{,}5$ dar. Bild 6.4-1(b) zeigt graphische Darstellungen der entsprechenden Wahrscheinlichkeitsverteilungen für $N = 10$, $p = 0{,}15$ (also wieder $\lambda = 1{,}5$).

Mit wachsendem N (bei konstantem λ) werden die graphischen Darstellungen von Binomial- und Poissonverteilung einander immer ähnlicher.

Häufig wird die Poissonverteilung als Verteilung einer Zufallsvariablen interpretiert, die wohl viele verschiedene Werte (N ist groß), aber mit kleinen Wahrscheinlichkeiten ($p = \frac{\lambda}{N}$ ist klein) annimmt.

Beispiel [Bey95]:   Die Zufallsvariable X gebe die Anzahl der kritischen Temperaturüberschreitungen in einem chemischen Reaktor für ein bestimmtes Zeitintervall an. Aus Erfahrung ist bekannt, daß die durchschnittliche Anzahl solcher Temperaturüberschreitungen 5 ist. Wenn $X \geq 10$ wird, werden zusätzliche Überwachungsmaßnahmen eingeleitet. Wie groß ist $P(X \geq 10)$, wenn angenommen werden darf, daß X poissonverteilt ist?

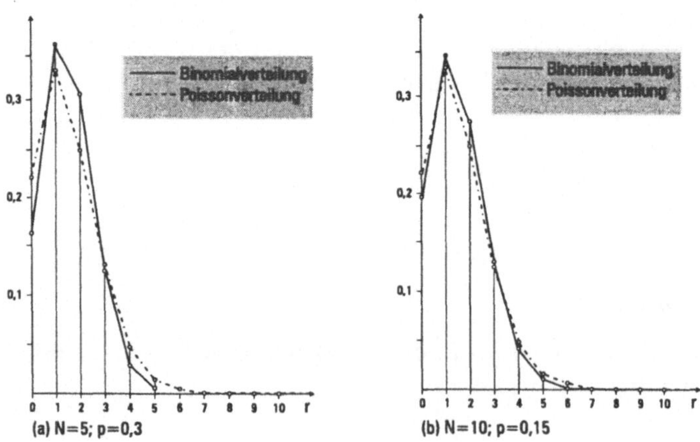

Bild 6.4-1: Approximation der Binomialverteilung durch die Poissonverteilung (nach [Fis70])

X kann als poissonverteilt mit $E(X) = 5$ angenommen werden.

$$\Rightarrow P(X \geq 10) = 1 - P(X \leq 9) = 1 - \sum_{k=0}^{9} P(X = k)$$

$$= 1 - \sum_{k=0}^{9} \frac{5^k}{k!} e^{-5} \approx 0{,}032$$

(vergleiche Bild 6.4-2)

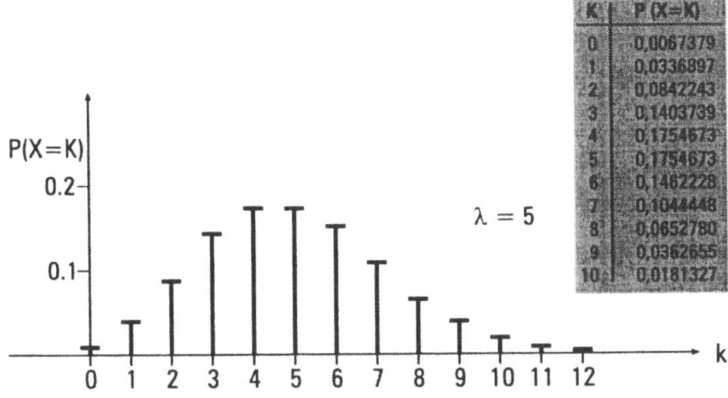

K	P (X=K)
0	0,0067379
1	0,0336897
2	0,0842243
3	0,1403739
4	0,1754673
5	0,1754673
6	0,1462228
7	0,1044448
8	0,0652780
9	0,0362655
10	0,0181327

Bild 6.4-2: X poissonverteilt mit $\lambda = 5$

Bemerkung:

Die Einzelwahrscheinlichkeiten $p_K = P(X = K)$ einer poissonverteilten Zufallsvariablen X genügen der Rekursion

$$p_0 = e^{-\lambda}$$

$$p_K = \frac{\lambda}{K} p_{K-1} \quad K = 1, 2, \dots .$$

6.5 Die Hypergeometrische Verteilung

Modell: In einer Urne liegen M schwarze und $N - M$ weiße Kugeln. Der Urne werden zufällig n Kugeln entnommen. Die diskrete Zufallsvariable X beschreibe die Anzahl der gezogenen schwarzen Kugeln. Es folgt (vergleiche Abschnitt 2.2)

$$P(X = k) = \frac{\binom{M}{k}\binom{N-M}{n-k}}{\binom{N}{n}}; \quad k = 0, 1, 2, \ldots, n. \qquad (6.5\text{-}1)$$

Definition 6.5-1

Eine Zufallsvariable X mit Einzelwahrscheinlichkeiten nach (6.5-1) *unterliegt einer* **hypergeometrischen Verteilung**.

Beispiele:

(i) Sie spielen Lotto. Wie groß ist die Wahrscheinlichkeit, daß Sie bei einer Auswahl von 6 aus 49 Zahlen genau 4 Richtige haben?

Hier gilt: $M = 6$, $N = 49$, $N - M = 43$, $n = 6$, $k = 4$, also

$$P(X = 4) = \frac{\binom{6}{4}\binom{43}{2}}{\binom{49}{6}} \approx 0{,}0009686.$$

(ii) In einem Supermarktregal stehen 100 Erbsendosen. In 10 dieser Dosen befindet sich eine tote Maus. Sie kaufen 5 Dosen. Wie groß ist die Wahrscheinlichkeit dafür, daß Sie in höchstens einer Ihrer Dosen eine tote Maus finden?

Hier gilt: $M = 10$, $N = 100$, $n = 5$

$$\Rightarrow P(X \le 1) = P(X = 0) + P(X = 1)$$

$$= \frac{\binom{10}{0}\binom{90}{5}}{\binom{100}{5}} + \frac{\binom{10}{1}\binom{90}{4}}{\binom{100}{5}}$$

$$\approx 0{,}5838 + 0{,}3394 = 0{,}9232.$$

Für eine Zufallsvariable X, die eine hypergeometrische Verteilung besitzt, gilt:

$$E(X) = n\frac{M}{N}, \quad D^2(X) = \frac{nM(N-M)(N-n)}{N^2(N-1)}$$

[Kre79], S.120ff.

Satz 6.5-1

Für eine mit den Parametern $n, M, N-M$ hypergeometrisch verteilte Zufallsvariable X gilt für $p = \frac{M}{N}$ und festes n:

$$\lim_{N\to\infty} P(X = k) = \binom{n}{k} p^k (1-p)^{n-k}$$

für $k = 0, 1, \ldots, n$

Das heißt, daß für große N (Faustregel: $\frac{n}{N} < 0{,}05$) die hypergeometrische Verteilung näherungsweise der Binomialverteilung mit den Parametern $p = \frac{M}{N}$ und n entspricht.

Beweis:

Für festes n und k gilt nämlich

$$P(X = k) = \frac{\binom{M}{k} \cdot \binom{N-M}{n-k}}{\binom{N}{n}} =$$

$$= \frac{\dfrac{M(M-1)(M-2)\cdots(M-k+1)}{k!}}{\dfrac{N(N-1)(N-2)\cdots(N-n+1)}{n!}}$$

$$\cdot \frac{(N-M)(N-M-1)\cdots(N-M-n+k+1)}{(n-k)!} =$$

$$= \frac{n!}{k!(n-k)!} \cdot \frac{M(M-1)\cdots(M-k+1)}{N(N-1)\cdots(N-k+1)\cdots(N-n+1)}$$

$$\cdot (N-M)(N-M-1)\cdots(N-M-n+k+1).$$

Zähler und Nenner dieses Bruches besitzen jeweils n Faktoren.
Dividiert man im Zähler und Nenner jeden Faktor durch N, so ergibt sich

daraus wegen

$$\frac{n!}{k!(n-k)!} = \binom{n}{k}, \quad \frac{M}{N} = p$$

(das Verhältnis $\frac{M}{N}$ bleibt auch für sehr große N und M gleich)
und mit $1 - \frac{M}{N} = q$ die Identität

$$P(X = k) = \binom{n}{k} \frac{p\left(p - \frac{1}{N}\right) \cdots \left(p - \frac{k-1}{N}\right)}{1\left(1 - \frac{1}{N}\right)\left(1 - \frac{2}{N}\right) \cdots \left(1 - \frac{n-1}{N}\right)}$$
$$\cdot q\left(q - \frac{1}{N}\right) \cdots \left(q - \frac{n-k-1}{N}\right).$$

Da im Zähler und Nenner jeweils n Faktoren stehen, und n bei der Grenz-
wertbildung konstant bleibt, folgt für $N \to \infty$

$$\lim_{N \to \infty} P(X = k) = \binom{n}{k} p^k q^{n-k} \qquad \text{mit } p = \frac{M}{N}, \quad q = 1 - \frac{M}{N}.$$

6.6   Die (stetige) Gleichverteilung

Definition 6.6-1

Eine stetige Zufallsvariable X mit der Dichte

$$f(x) = \begin{cases} \frac{1}{b-a} & \textit{für } a \leq x < b \\ 0 & \textit{sonst} \end{cases}$$

heißt **gleichverteilt** *über dem Intervall* $[a, b)$.

Für die Verteilungsfunktion einer über $[a, b)$ gleichverteilten Zufallsvariablen

X folgt:

$$F(x) = \begin{cases} 0 & \text{für } x < a \\ \frac{x-a}{b-a} & \text{für } a \le x < b \\ 1 & \text{für } x \ge b \end{cases} \qquad (6.6\text{-}1)$$

$$E(X) = \int_{-\infty}^{\infty} x f(x)\, dx = \int_{a}^{b} x \frac{1}{b-a}\, dx$$

$$= \frac{1}{b-a} \cdot \frac{b^2 - a^2}{2} = \frac{1}{2}(a+b) \qquad (6.6\text{-}2)$$

$$E(X^2) = \int_{a}^{b} x^2 \frac{1}{b-a}\, dx = \frac{1}{b-a} \cdot \frac{b^3 - a^3}{3}$$

$$D^2(X) = E(X^2) - E^2(X)$$

$$= \frac{1}{b-a} \cdot \frac{b^3 - a^3}{3} - \frac{(a+b)^2}{4}$$

$$= \frac{4(b^3 - a^3) - 3(b-a)(a^2 + 2ab + b^2)}{12(b-a)}$$

$$= \frac{4b^3 - 4a^3 - 3a^2b - 6ab^2 - 3b^3 + 3a^3 + 6a^2b + 3ab^2}{12(b-a)}$$

$$= \frac{b^3 - a^3 + 3a^2b - 3ab^2}{12(b-a)} = \frac{(b-a)^3}{12(b-a)} = \frac{(b-a)^2}{12}$$

$$\varphi(s) = \exp\left\{ js \left[\frac{b+a}{2} \right] \right\} \frac{\sin\left\{ s \dfrac{b-a}{2} \right\}}{s \dfrac{b-a}{2}} = \frac{e^{jsb} - e^{jsa}}{js(b-a)}$$

Beispiel [Jon91]:

Ein Analog-Digital-(A/D)-Wandler setzt analoge in digitale Signale um. Die Werte des digitalen Signals entsprechen im allgemeinen nicht mehr denen des analogen Signals, es tritt ein Quantisierungsfehler auf (Bild 6.6-1). Wir nehmen an, daß der Quantisierungsfehler X über der Höhe q der Quanti-

sierungsstufe gleichverteilt ist. Wie groß ist die Varianz des Quantisierungs-
fehlers?

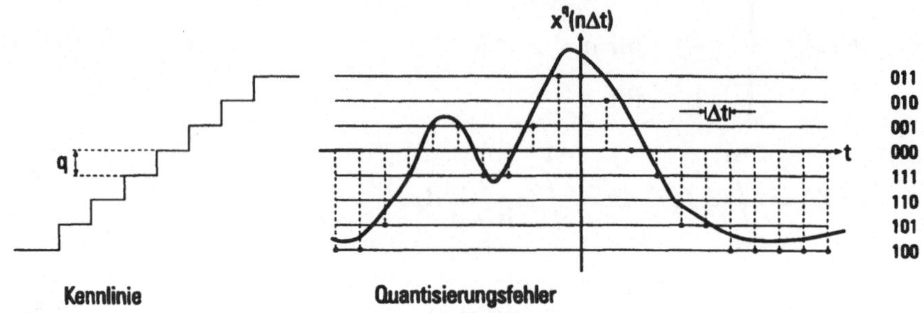

Bild 6.6-1: A/D-Wandler

Hier ist $b - a = q \Rightarrow D^2(X) = \frac{q^2}{12}$.

Bild 6.6-2 zeigt Dichte und Verteilungsfunktion einer über $[a, b)$ gleichverteilten Zufallsvariablen.

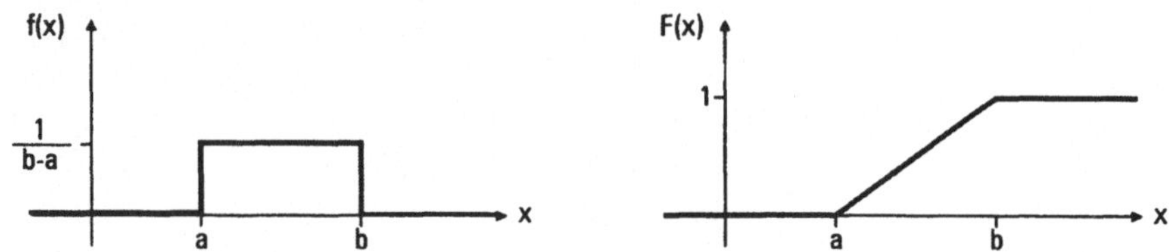

Bild 6.6-2: Dichte und Verteilungsfunktion einer über $[a, b)$ gleichverteilten
Zufallsvariablen

6.7   Die Exponentialverteilung

Definition 6.7-1

Eine Zufallsvariable X mit der Dichte

$$f(x) = \begin{cases} 0 & \text{für } x \leq 0 \\ \lambda e^{-\lambda x} & \text{für } x > 0 \end{cases} \,, \quad \lambda > 0 \tag{6.7-1}$$

heißt **exponentialverteilt** *mit dem Parameter λ.*

Für die Verteilungsfunktion einer exponentialverteilten Zufallsvariablen X folgt:

$$F(x) = \begin{cases} 0 & \text{für } x \leq 0 \\ 1 - e^{-\lambda x} & \text{für } x > 0 \end{cases} \qquad (6.7\text{-}2)$$

$$E(X) = \frac{1}{\lambda} \qquad (6.7\text{-}3)$$

$$D^2(X) = \frac{1}{\lambda^2} \qquad (6.7\text{-}4)$$

$$\varphi(s) = \frac{1}{1 - \dfrac{js}{\lambda}} \qquad \text{[Fis70], S. 183f.}$$

Beispiel: Die Zeit, die eine Tochter zum wöchentlichen Telefongespräch mit ihrer Mutter benötigt, beträgt im Mittel 15 min. Die Gesprächsdauer unterliege einer Exponentialverteilung. Wie groß ist die Wahrscheinlichkeit dafür, daß ein Gespräch länger als 20 min dauert?

Mit $E(X) = \dfrac{1}{\lambda} = 15$ folgt, weil X stetig ist:

$$P(X \geq 20) = 1 - P(X \leq 20) = 1 - F(20)$$

$$= \exp\left(-\frac{20}{15}\right) = \exp\left(-\frac{4}{3}\right) \approx 0{,}264$$

Bild 6.7-1 zeigt Dichte und Verteilungsfunktion einer mit dem Parameter $\lambda > 0$ exponentialverteilten Zufallsvariablen X.

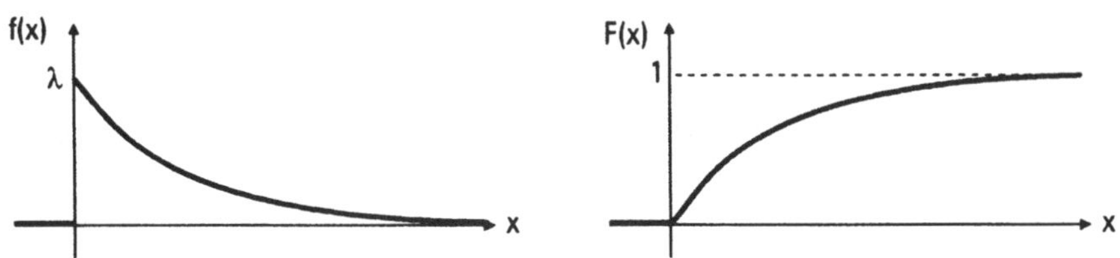

Bild 6.7-1: Dichte und Verteilungsfunktion einer exponentialverteilten Zufallsvariablen (schematisch)

6.8   Die Normalverteilung

Definition 6.8-1

*Eine Zufallsvariable X ist **normalverteilt** (**gaußverteilt**), wenn ihre Dichte durch*

$$f(x) = \frac{1}{\sqrt{2\pi}\,\sigma} \exp\left(-\frac{(x-\mu)^2}{2\sigma^2}\right), \quad \sigma > 0, \tag{6.8-1}$$

gegeben ist.

Bemerkungen:

(i) Die Normalverteilung wird mit Recht als die wichtigste Verteilung der Wahrscheinlichkeitstheorie angesehen. Ihre Bedeutung beruht vor allen Dingen darauf, daß Zufallsvariablen als normalverteilt angesehen werden können, die durch additive Überlagerung einer großen Zahl von unabhängigen zufälligen Einflüssen (d.h. Zufallsvariablen) entstehen, wobei jede der einzelnen Zufallsvariablen einen im Verhältnis zur Gesamtsumme nur unbedeutenden Beitrag liefert (vergleiche Abschnitt 7.8).

(ii) Die Kenngrößen der Normalverteilung wurden bereits in mehreren Beispielen behandelt. Wir stellen sie hier noch einmal zusammen:

Verteilungsfunktion

$$F(x) = \frac{1}{\sqrt{2\pi}\,\sigma} \int\limits_{-\infty}^{x} \exp\left(-\frac{(t-\mu)^2}{2\sigma^2}\right) dt, \ \sigma > 0 \tag{6.8-2}$$

Erwartungswert

$$E(X) = \mu \tag{6.8-3}$$

Varianz

$$D^2(X) = \sigma^2 \tag{6.8-4}$$

k-tes zentrales Moment

$$E\left[(X-\mu)^k\right] = \begin{cases} 1 \cdot 3 \cdots (k-1)\sigma^k & \text{falls } k \text{ gerade} \\[2mm] 0 & \text{falls } k \text{ ungerade} \end{cases} \tag{6.8-5}$$

charakteristische Funktion

$$\varphi(s) = e^{js\mu} \exp\left(-\frac{(\sigma s)^2}{2}\right).$$

(6.8-6)

Bild 6.8-1 zeigt Dichte und Verteilungsfunktion einer normalverteilten Zufallsvariablen X, aus Bild 6.8-2 kann die Abhängigkeit der $\mathcal{N}(\mu; \sigma^2)$-Dichte von den Parametern μ und σ abgelesen werden.

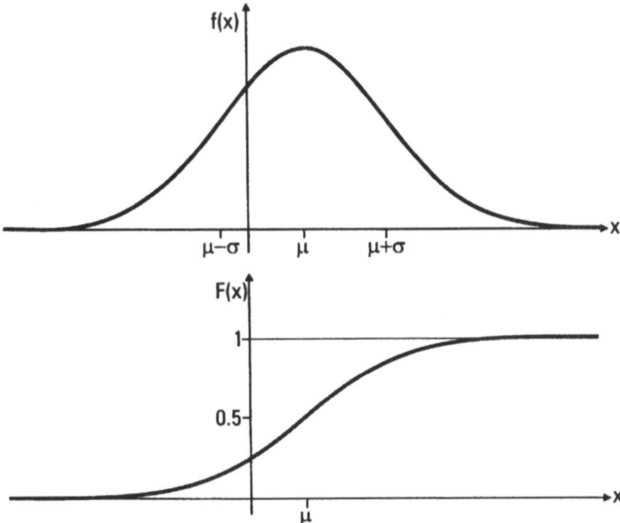

Bild 6.8-1: Dichte und Verteilungsfunktion einer $\mathcal{N}(\mu; \sigma^2)$ verteilten Zufallsvariablen

Die Verteilungsfunktion $\Phi(x)$ der $\mathcal{N}(0; 1)$-Verteilung ist tabelliert (siehe Anhang D). Mit

$$Y = \frac{X - \mu}{\sigma}$$

wird die $\mathcal{N}(\mu; \sigma^2)$-verteilte Zufallsvariable X in die $\mathcal{N}(0; 1)$-verteilte Zufallsvariable Y transformiert.

Für die Verteilungsfunktion $F(x)$ einer $\mathcal{N}(\mu; \sigma^2)$ verteilten Zufallsvariablen

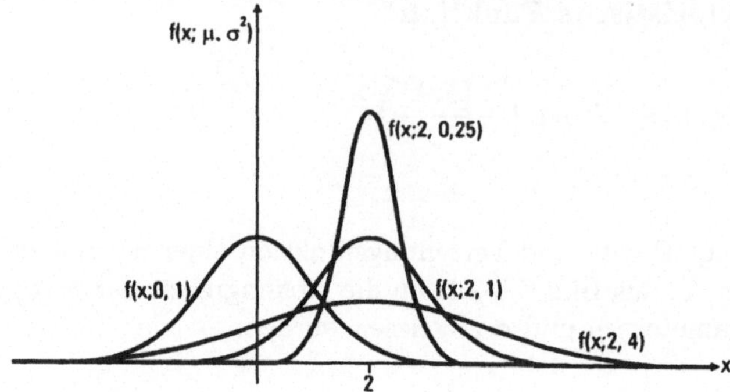

Bild 6.8-2: Einfluß der Parameter μ und σ^2 auf die Normalverteilungsdichte

gilt

$$F(x) = \frac{1}{\sqrt{2\pi}\sigma} \int\limits_{-\infty}^{x} \exp\left(-\frac{(u-\mu)^2}{2\sigma^2}\right) \, du$$

$$= \frac{1}{2} \cdot \frac{2}{\sqrt{\pi}} \int\limits_{-\infty}^{(x-\mu)/(\sqrt{2}\sigma)} e^{-t^2} \, dt$$

$$= \frac{1}{2} + \frac{1}{2}\,\mathrm{erf}\left(\frac{x-\mu}{\sqrt{2}\sigma}\right)$$

mit der (Gaußschen) **Fehlerfunktion**

$$\mathrm{erf}(x) = \frac{2}{\sqrt{\pi}} \int\limits_{0}^{x} e^{-t^2} \, dt. \qquad\qquad (6.8\text{-}7)$$

Die komplementäre Fehlerfunktion ist

$$\mathrm{erfc}(x) = 1 - \mathrm{erf}(x) = \frac{2}{\sqrt{\pi}} \int\limits_{x}^{\infty} e^{-t^2} \, dt \qquad\qquad (6.8\text{-}8)$$

und es gelten folgende Beziehungen

$$F(x) = 1 - \frac{1}{2}\operatorname{erfc}\left(\frac{x-\mu}{\sqrt{2}\sigma}\right),$$

$$\operatorname{erf}(-x) = -\operatorname{erf}(x),$$

$$\operatorname{erfc}(-x) = 2 - \operatorname{erfc}(x),$$

$$\operatorname{erf}(0) = \operatorname{erfc}(\infty) = 0,$$

$$\operatorname{erf}(\infty) = \operatorname{erfc}(0) = 1.$$

Als **Q-Funktion** wird

$$Q(x) = \frac{1}{\sqrt{2\pi}}\int\limits_{x}^{\infty}\exp\left(-\frac{t^2}{2}\right)dt \qquad\qquad (6.8\text{-}9)$$

bezeichnet und es folgt:

$$\operatorname{erfc}(x) = 2Q(\sqrt{2}x),$$

$$Q(x) = 1 - \Phi(x),$$

wobei $\Phi(x)$ die Verteilungsfunktion einer $\mathcal{N}(0;1)$ verteilten Zufallsvariablen ist.

Bemerkung:

Für die $\mathcal{N}(\mu;\sigma^2)$-verteilte Zufallsvariable X gilt:

$$P(\mu - \sigma < X \leq \mu + \sigma) \approx 0{,}68$$

$$P(\mu - 2\sigma < X \leq \mu + 2\sigma) \approx 0{,}955$$

$$P(\mu - 3\sigma < X \leq \mu + 3\sigma) \approx 0{,}997$$

Anders ausgedrückt: Praktisch alle Werte von X liegen innerhalb der **3σ-Grenzen** $\mu - 3\sigma$ und $\mu + 3\sigma$.

Beispiel: Die Zufallsvariable X habe eine $\mathcal{N}(1;4)$-Verteilung. Man berechne $P(|X| > 3)$.

Durch Einführung der Zufallsvariablen $Y = \frac{X-1}{2}$ erhält man:

$$P(|X| > 3) = P(|2Y + 1| > 3)$$

$$= P\left(\left|Y + \frac{1}{2}\right| > \frac{3}{2}\right)$$

$$= P\left(Y + \frac{1}{2} < -\frac{3}{2}\right) + P\left(Y + \frac{1}{2} > \frac{3}{2}\right)$$

$$= P(Y < -2) + P(Y > 1)$$

und Y ist $\mathcal{N}(0; 1)$-verteilt. Durch Nachschlagen in einer Tabelle der Standardnormalverteilung (siehe Anhang D) findet man:

$$P(Y < -2) = \frac{1}{\sqrt{2\pi}} \int\limits_{-\infty}^{-2} \exp\left(-\frac{t^2}{2}\right) dt$$

$$= \frac{1}{\sqrt{2\pi}} \int\limits_{2}^{\infty} \exp\left(-\frac{t^2}{2}\right) dt$$

$$= Q(2) = 1 - \Phi(2) \approx 1 - 0{,}9772 = 0{,}0228$$

$$P(Y > 1) = \frac{1}{\sqrt{2\pi}} \int\limits_{1}^{\infty} \exp\left(-\frac{t^2}{2}\right) dt$$

$$= Q(1) = 1 - \Phi(1) \approx 1 - 0{,}8413 = 0{,}1587$$

$$\Rightarrow P(|X| > 3) = 0{,}1815$$

6.9   Die Weibullverteilung

Definition 6.9-1

Eine nichtnegative Zufallsvariable X genügt einer **Weibullverteilung** *mit den Parametern $\beta > 0$ und $\theta > 0$, wenn sie folgende Dichte hat:*

$$f(x) = \frac{\beta}{\theta} \left(\frac{x}{\theta}\right)^{\beta-1} \exp\left\{-\left(\frac{x}{\theta}\right)^{\beta}\right\}, \quad x \geq 0$$

Die zugehörige Verteilungsfunktion ist

$$F(x) = 1 - \exp\left\{ -\left(\frac{x}{\theta}\right)^{\beta} \right\}, \quad x \geq 0.$$

Erwartungswert und Varianz werden berechnet mit Hilfe der **Gammafunktion**:

$$\Gamma(x) = \int_{0}^{\infty} u^{x-1} e^{-u}\, du, \quad x > 0$$

Bild 6.9-1 zeigt die Dichte der Weibullverteilung für verschiedene Werte des Parameters β.

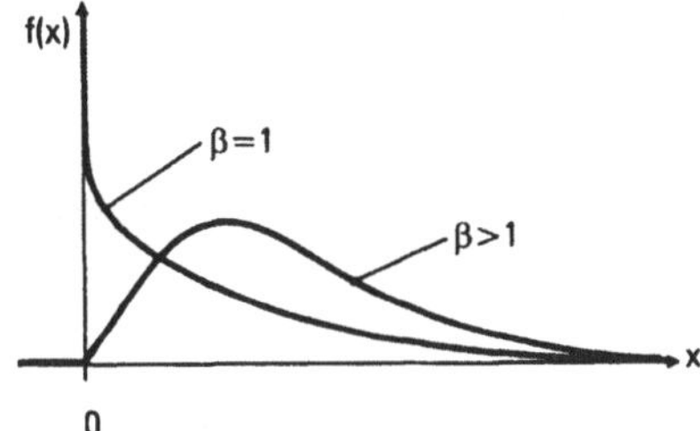

Bild 6.9-1: Einfluß des Parameters β auf die Dichte der Weibullverteilung

Erwartungswert:

Mit (5.1-1) gilt

$$E(X) = \int_{0}^{\infty} x \frac{\beta}{\theta} \left(\frac{x}{\theta}\right)^{\beta-1} \exp\left\{ -\left(\frac{x}{\theta}\right)^{\beta} \right\} dx = \int_{0}^{\infty} \beta \left(\frac{x}{\theta}\right)^{\beta} \exp\left\{ -\left(\frac{x}{\theta}\right)^{\beta} \right\} dx$$

Substitution : $u = \left(\frac{x}{\theta}\right)^{\beta} \Rightarrow u\theta^{\beta} = x^{\beta} \Rightarrow x = u^{(1/\beta)}\theta$

$$\frac{dx}{du} = \theta \frac{1}{\beta} u^{1/\beta - 1}$$

$$E(X) = \int\limits_0^\infty \beta u e^{(-u)} \theta \frac{1}{\beta} u^{1/\beta - 1}\, du$$

$$= \theta \int\limits_0^\infty u^{1/\beta} e^{-u}\, du = \theta\, \Gamma\left(\frac{1}{\beta} + 1\right)$$

Varianz:

Mit (5.1-3) und $k = 2$ gilt:

$$E(X^2) = \int\limits_0^\infty x^2\, \frac{\beta}{\theta}\left(\frac{x}{\theta}\right)^{\beta - 1} \exp\left\{-\left(\frac{x}{\theta}\right)^\beta\right\} dx$$

$$= \int\limits_0^\infty x\beta\left(\frac{x}{\theta}\right)^\beta \exp\left\{-\left(\frac{x}{\theta}\right)^\beta\right\} dx$$

Mit der Substitution $u = \left(\frac{x}{\theta}\right)^\beta$ und $x = u^{(1/\beta)}\theta$, eingesetzt in das Integral, ergibt sich

$$E(X^2) = \int\limits_0^\infty u^{(1/\beta)}\theta\beta u e^{(-u)} \theta \frac{1}{\beta} u^{1/\beta - 1}\, du$$

$$= \int\limits_0^\infty u^{(2/\beta)}\theta^2 e^{-u}\, du = \theta^2\, \Gamma\left(\frac{2}{\beta} + 1\right)$$

$$\mathrm{var}(X) = E(X^2) - E(X)^2 =$$

$$= \theta^2\, \Gamma\left(\frac{2}{\beta} + 1\right) - \theta^2 \left[\Gamma\left(\frac{1}{\beta} + 1\right)\right]^2.$$

Bemerkung:

Für $\beta = 1$ ergibt sich die Exponentialverteilung mit $\lambda = \frac{1}{\theta}$ und für $\beta = 2$ ergibt sich die **Rayleighverteilung** mit $\theta^2 = 2\sigma^2$.

6.10   Übungsaufgaben

Aufgabe 6.1 [Hen97]

Bei der ersten Ziehung der Glückspirale 1971 wurden für die Ermittlung einer 7-stelligen Gewinnzahl aus einer Trommel, die Kugeln mit den Ziffern $0, \ldots, 9$ je 7-mal enthält, nacheinander rein zufällig 7 Kugeln ohne Zurücklegen gezogen.

a) Wie groß ist die Wahrscheinlichkeit 7 gleiche Zahlen zu ziehen?

b) Wie groß ist die Wahrscheinlichkeit $(1, 2, 3, 4, 5, 6, 7)$ zu ziehen?

c) Wie groß ist die Wahrscheinlichkeit $(2, 2, 3, 1, 4, 2, 2)$ zu ziehen?

d) Wie würden Sie den Ziehungsmodus abändern, um allen Gewinnzahlen die gleiche Ziehungswahrscheinlichkeit zu sichern?

---

a) Urne $U = \{0_1, \ldots, 0_7, \ldots, 9_1, \ldots, 9_7\}$

$$\Omega = \{(a_1, \ldots, a_7); \ a_i \, \epsilon \, U \ \text{für} \ i = 1, \ldots, 7; \ a_i \neq a_j \ \text{für} \ i \neq j\}$$

Variation - Eine Auswahl von 7 aus 70 Elementen unter Beachtung der Reihenfolge. Hier: Ohne Zurücklegen!

$$|\Omega| = 7! \cdot \binom{70}{7} = 70 \cdot 69 \cdots 64 \approx 6{,}0418245 \cdot 10^{12}$$

$$A_1 = \{(a_1, \ldots, a_7) \, \epsilon \, \Omega; \ \text{mit} \ a_1 = a_2 = \ldots = a_7\}$$

$$|A_1| = 10 \cdot 7! \qquad \text{10 mögliche Zahlen,}$$

$$\text{7! mögliche Permutationen}$$

$$\Rightarrow P(A_1) = \frac{10 \cdot 7!}{|\Omega|} \approx 8{,}3418509 \cdot 10^{-9}$$

b) Für jede Zahl stehen 7 Kugeln zur Auswahl, d.h. es wird 7 mal aus 7 Kugeln eine gezogen:

$$A_2 = \{(a_1, \ldots, a_7) \in \Omega; a_1 \in \{1_1, \ldots, 1_7\},$$
$$a_2 \in \{2_1, \ldots, 2_7\}, \ldots, a_7 \in \{7_1, \ldots, 7_7\}\}$$
$$|A_2| = \underbrace{7 \cdot 7 \cdots 7}_{7\,\text{mal}} = 7^7$$

$$\Rightarrow P(A_2) = \frac{7^7}{|\Omega|} \approx 1{,}36307 \cdot 10^{-7}$$

c)
$$A_3 = \{(a_1, \ldots, a_7) \in \Omega\,; \text{mit}\, a_1 \in \{2_1, \ldots, 2_7\},$$
$$a_2 \in \{2_1, \ldots, 2_7\}\backslash\{a_1\}, a_3 \in \{3_1, \ldots, 3_7\},$$
$$a_4 \in \{1_1, \ldots, 1_7\}, a_5 \in \{4_1, \ldots, 4_7\},$$
$$a_6 \in \{2_1, \ldots, 2_7\}\backslash\{a_1, a_2\},$$
$$a_7 \in \{2_1, \ldots, 2_7\}\backslash\{a_1, a_2, a_6\}\}$$
$$|A_3| = 7 \cdot 6 \cdot 7 \cdot 7 \cdot 7 \cdot 5 \cdot 4 = 288120$$
$$P(A_3) = \frac{288120}{|\Omega|} \approx 4{,}7688 \cdot 10^{-8}$$

d) **1. Möglichkeit:** 7 separate Trommeln mit jeweils 10 Kugeln mit den Ziffern $0, \ldots, 9$. Aus jeder Trommel wird einmal gezogen.

2. Möglichkeit: Ziehen aus einer Trommel mit 10 Kugeln mit den Ziffern $0, \ldots, 9$ mit Zurücklegen (Variation mit Wiederholung).

$$\Omega_{\text{neu}} = \{(a_1, \ldots, a_7); a_i \in \{0, \ldots, 9\}\}$$
$$|\Omega_{\text{neu}}| = 10^7$$

Jedes Ergebnis A einer Ziehung kann nur durch eine bestimmte Variation erreicht werden.

$$\Rightarrow P(A) = \frac{1}{10^7} \ \forall A = \{(a_1, \ldots, a_7)\} \in \Omega_{\text{neu}}$$

Aufgabe 6.2 [Bos95]

2 % der Bevölkerung sind Diabetiker. Man berechne die Wahrscheinlichkeit dafür, daß unter 100 rein zufällig ausgewählten Personen mindestens 3 Diabetiker sind.

a) mit Hilfe der Binomialverteilung,

b) mit Hilfe der Poissonverteilung.

---

a) X ist binomialverteilt mit $N = 100$ und $p = 0{,}02$:

$$
\begin{aligned}
P(X \geq 3) &= 1 - P(X < 3) \\
&= 1 - P(X = 0) - P(X = 1) - P(X = 2) \\
&= 1 - \binom{100}{0} 0{,}02^0 \cdot 0{,}98^{100} \\
&\quad - \binom{100}{1} 0{,}02 \cdot 0{,}98^{99} - \binom{100}{2} 0{,}02^2 \cdot 0{,}98^{98} \\
&\approx 0{,}323314
\end{aligned}
$$

b) X ist approximativ poissonverteilt mit $\lambda = Np = 2$:

$$
\begin{aligned}
P(X \geq 3) &= 1 - P(X = 0) - P(X = 1) - P(X = 2) \\
&= 1 - e^{-2}\left(1 + \frac{2^1}{1!} + \frac{2^2}{2!}\right) = 1 - 5e^{-2} \\
&\approx 0{,}323324
\end{aligned}
$$

Aufgabe 6.3 [Web92]

a) Es sind $N = 12$ zufällig ausgewählte Personen versammelt. Wie groß ist die Wahrscheinlichkeit, daß die Geburtstage dieser Personen in den 12 verschiedenen Monaten liegen, wenn angenommen werden kann, daß die Wahrscheinlichkeit dafür, daß eine bestimmte Person in einem bestimmten Monat Geburtstag hat, jeweils $\frac{1}{12}$ ist?

b) Aus 10 000 Personen werden $n = 100$ Personen zufällig ausgewählt. Wie groß ist die Wahrscheinlichkeit, daß eine der ausgewählten Personen am 24.12. Geburtstag hat, wenn angenommen werden kann, daß die Geburtstage der 10 000 Personen über das Jahr (mit 365 Tagen) gleichverteilt sind?

---

a) Es gibt 12^{12} (Variation mit Wiederholung) Möglichkeiten, 12 Personen Geburtsmonate zuzuordnen.

Das Ereignis, daß alle Geburtstage der 12 Personen in verschiedenen Monaten liegen, entspricht einer Variation ohne Wiederholung. Dadurch ergibt sich

$$P = \frac{12! \cdot \binom{12}{12}}{12^{12}} \approx 5{,}37 \cdot 10^{-5}.$$

b) Die Zufallsvariable X = Anzahl der Personen, die am 24.12. Geburtstag haben, ist eigentlich hypergeometrisch verteilt. Aus $N = 10000$ Personen, von denen M am 24.12 Geburtstag haben, werden $n = 100$ ausgewählt. Da N sehr groß ist gegenüber n, kann die Hypergeometrische Verteilung (Ziehen ohne Zurücklegen) durch eine Binomialverteilung approximiert werden (Satz 6.5-1) mit $p = \frac{1}{365}$ und $n = 100$.

$$P(X \geq 1) = 1 - P(X = 0)$$

$$= 1 - \binom{100}{0}\left(\frac{1}{365}\right)^{0}\left(1 - \frac{1}{365}\right)^{100}$$

$$\approx 0{,}23993$$

Aufgabe 6.4 [Bei95]

Die zufällige Lebensdauer X eines Elektromotors sei weibullverteilt und habe den Erwartungswert $E(X) = 8{,}86230$ Jahre und die Streuung $D(X) = \sqrt{21{,}45964}$ Jahre.
Gesucht sind:

a) die Parameter $\beta \in \mathbb{N}$ und $\theta \in \mathbb{N}$ der Verteilung,

b) die Wahrscheinlichkeit, daß ein Motor dieses Typs

   (i) bereits im ersten Jahr ausfällt,

   (ii) mindestens 10 Jahre arbeitet,

   (iii) zwischen dem 5. und dem 10. Jahr ausfällt,

c) die Wahrscheinlichkeit dafür, daß der Motor im Intervall $[0, t]$ ausfällt unter der Bedingung, daß er bereits $s < t$ Jahre ausfallfrei gearbeitet hat für $t = 10$ und $s = 5$.

Beachte: $x\Gamma(x) = \Gamma(x + 1)$

---

a) Mit den Werten aus der Aufgabenstellung ergibt sich:

$$E(X) = 8{,}86230 = \theta\Gamma\left(\frac{1}{\beta} + 1\right),$$

$$E^2(X) = 78{,}54036 = \theta^2\left[\Gamma\left(\frac{1}{\beta} + 1\right)\right]^2$$

Einsetzen in

$$D^2(X) = 21{,}45964 = \theta^2\Gamma\left(\frac{2}{\beta} + 1\right) - \theta^2\left[\Gamma\left(\frac{1}{\beta} + 1\right)\right]^2$$

$$100 = \theta^2\Gamma\left(\frac{2}{\beta} + 1\right)$$

$$\frac{100}{78{,}54036} = 1{,}27324 = \frac{\Gamma\left(\frac{2}{\beta} + 1\right)}{\left[\Gamma\left(\frac{1}{\beta} + 1\right)\right]^2} = \frac{\frac{2}{\beta}\Gamma\left(\frac{2}{\beta}\right)}{\frac{1}{\beta^2}\Gamma^2\left(\frac{1}{\beta}\right)} = \frac{2\beta\Gamma\left(\frac{2}{\beta}\right)}{\Gamma^2\left(\frac{1}{\beta}\right)}$$

Aus einer Tafel der Gammafunktion findet man die Lösung $\beta = 2$. Wegen $\Gamma(2) = 1$ ergibt sich der Parameter θ zu $\theta = 10$.

b) Die Verteilungsfunktion von X lautet mit $\beta = 2$ und $\theta = 10$:

$$F(x) = 1 - \exp\left\{-\left(\frac{x}{10}\right)^2\right\}, \; x \geq 0$$

(i) $P(X \leq 1) = F(1) = 1 - \left(e^{-(0,1)^2}\right) \approx 0,00995$

(ii) $P(X > 10) = 1 - F(10) = e^{-1} \approx 0,36788$

(iii) $P(5 < X \leq 10) = F(10) - F(5) = \left(e^{-0,25} - e^{-1}\right) \approx 0,41092$

c) Zu berechnen ist für $s < t$ die bedingte Wahrscheinlichkeit

$$F_s(t) = P(X \leq t | X > s) = \frac{P(X \leq t \cap X > s)}{P(X > s)}$$

$$= \frac{P(s < X \leq t)}{P(X > s)}.$$

Dies läßt sich auch schreiben als:

$$F_s(t) = \frac{F(t) - F(s)}{1 - F(s)}$$

$$= \frac{1 - \exp\left\{-\left(\frac{t}{\theta}\right)^\beta\right\} - \left(1 - \exp\left\{-\left(\frac{s}{\theta}\right)^\beta\right\}\right)}{1 - \left(1 - \exp\left\{-\left(\frac{s}{\theta}\right)^\beta\right\}\right)}$$

$$= \frac{\exp\left\{-\left(\frac{s}{\theta}\right)^\beta\right\} - \exp\left\{-\left(\frac{t}{\theta}\right)^\beta\right\}}{\exp\left\{-\left(\frac{s}{\theta}\right)^\beta\right\}}$$

Mit den Zahlenwerten $\beta = 2$, $\Theta = 10$, $s = 5$ und $t = 10$ erhält man die gesuchte Wahrscheinlichkeit:

$$F_5(10) = \frac{e^{-0,25} - e^{-1}}{e^{-0,25}} \approx 0,52763$$

Unter der Bedingung, daß der Motor bis zum Ende des fünften Betriebsjahrs ohne auszufallen gearbeitet hat, fällt er vor dem Ende des zehnten Betriebsjahres mit Wahrscheinlichkeit 0,52763 aus.

Aufgabe 6.5 [Bey95]

Die Zerfallszeit X einer radioaktiven Substanz ist eine exponentialverteilte Zufallsgröße. Unter der Halbwertszeit versteht man diejenige Zeit, in der 50 % der radioaktiven Substanz zerfallen ist. Dies ist der Median der Zufallsgröße X. Für Radon beträgt die Halbwertszeit 3,83 [Tage].

a) Bestimmen Sie den Parameter λ dieser Exponentialverteilung!

b) Nach welcher Zeit sind 95 % der Atome zerfallen?

---

a) Die Zerfallszeit X ist exponentialverteilt mit der Verteilungsfunktion:

$$F(x) = \begin{cases} 0 & \text{für} \quad x \leq 0 \\ 1 - e^{-\lambda x} & \text{für} \quad x > 0 \end{cases}$$

$$F(3{,}83\,[\text{Tage}]) = 1 - e^{-\lambda \cdot 3{,}83} = 0{,}5$$

$$0{,}5 = e^{-\lambda \cdot 3{,}83}$$

$$\ln 0{,}5 = -\lambda \cdot 3{,}83$$

$$\ln 2 = \lambda \cdot 3{,}83$$

$$\lambda = \frac{\ln 2}{3{,}83}$$

$$\lambda \approx 0{,}181\,[1/\text{Tage}]$$

b)
$$P(X \leq x) = F(x) = 0{,}95$$

$$1 - e^{-\lambda \cdot x} = 0{,}95$$

$$0{,}05 = e^{-\lambda \cdot x}$$

$$\ln 0{,}05 = -\lambda \cdot x$$

$$x = \frac{\ln 0{,}05}{-\lambda} \approx 16{,}55\,[\text{Tage}]$$

7 Mehrdimensionale Zufallsvariablen

In einer Telefonanrufaktion werden zufällig ausgewählte Karlsruher nach Körpergröße, Gewicht und Alter gefragt. Ein von diesen drei Größen abhängiges Zufallsexperiment wird durch eine mehrdimensionale Zufallsvariable $\vec{X} = (X_1, X_2, X_3)^T$ beschrieben, die auch als Zufallsvektor angesehen wird.

7.1 Verteilungsfunktion und Dichte

Gegeben sei ein durch den Wahrscheinlichkeitsraum $(\Omega, \mathfrak{B}, P)$ beschriebenes Zufallsexperiment.

Definition 7.1-1

Eine vektorwertige Funktion

$$\vec{X} = \vec{X}(\xi) : \Omega \to \mathbb{R}^N, \qquad (7.1\text{-}1)$$

die jedem Ergebnis $\xi \in \Omega$ einen Vektor $\vec{x} = (x_1, x_2, \ldots, x_N)^T$ zuordnet, heißt **mehrdimensionale Zufallsvariable,** *wenn das Urbild eines jeden Intervalls $I_{\vec{a}} = (-\infty, a_1] \times (-\infty, a_2] \times \cdots \times (-\infty, a_N] \subset \mathbb{R}^N$ ein Ereignis ist:*

$$\vec{X}^{-1}(I_{\vec{a}}) \in \mathfrak{B}, \quad \forall\, \vec{a} \in \mathbb{R}^N \qquad (7.1\text{-}2)$$

Unter einer Wahrscheinlichkeitsverteilung verstehen wir die Verteilung der gesamten Wahrscheinlichkeitsmasse 1 auf $\mathbb{R}^N$. Dies führt sofort auf den Begriff der mehrdimensionalen Verteilungsfunktion.

Definition 7.1-2

Die Funktion

$$F(\vec{x}) = F(x_1, x_2, \ldots, x_N) \qquad (7.1\text{-}3)$$

$$= P(X_1 \leq x_1, X_2 \leq x_2, \ldots, X_N \leq x_N)$$

der mehrdimensionalen Zufallsvariablen $\vec{X}$ heißt **Verteilungsfunktion** *von $\vec{X}$.*

Definition 7.1-3

Durch partielle Ableitungen der Verteilungsfunktion $F(\vec{x})$ nach allen Variablen ergibt sich die **Dichte** *der mehrdimensionalen Zufallsvariablen $\vec{X}$*

$$f(\vec{x}) = \frac{\partial^N}{\partial x_1\, \partial x_2 \cdots \partial x_N}\, F(\vec{x}). \tag{7.1-4}$$

Im folgenden spezialisieren wir uns, wenn nicht ausdrücklich anders gesagt, auf den Fall zweidimensionaler Zufallsvariablen. Für Verteilungsfunktion und Dichte der zweidimensionalen Zufallsvariablen $\vec{X}$ ergibt sich der Zusammenhang

$$f(\vec{x}) = f(x_1, x_2) = \frac{\partial^2}{\partial x_1\, \partial x_2}\, F(x_1, x_2)$$

$$= \frac{\partial^2}{\partial x_1\, \partial x_2}\, F(\vec{x}). \tag{7.1-5}$$

Für zweidimensionale Zufallsvariablen $\vec{X} = (X_1, X_2)^T$ können beide Komponenten stetig oder diskret verteilt sein. Es kann aber auch eine der Komponenten stetig und die andere diskret verteilt sein.

Sind beide Komponenten diskret verteilt, schreibt man ähnlich wie in (4.1-12) für deren „Dichte"

$$f(\vec{x}) = \sum_{n=1}^{\infty} \sum_{k=1}^{\infty} P(X_1 = x_{1,n}; X_2 = x_{2,k}) \cdot \delta(x_1 - x_{1,n}; x_2 - x_{2,k})$$

$$\tag{7.1-6}$$

mit der zweidimensionalen δ-Distribution $\delta(x_1; x_2)$ und den Einzelwahrscheinlichkeiten $P(X_1 = x_{1,n}; X_2 = x_{2,k})$.

Beispiel:

$\vec{X} = (X_1, X_2)^T$ hat eine **zweidimensionale Normalverteilung**, wenn ihre Dichte die Gestalt

$$f(\vec{x}) = \frac{1}{2\pi\sigma_1\sigma_2\sqrt{1-\rho^2}} \exp\left\{-\frac{1}{2(1-\rho^2)}\left[\frac{(x_1-\mu_1)^2}{\sigma_1^2}\right.\right.$$
$$\left.\left. + \frac{(x_2-\mu_2)^2}{\sigma_2^2} - 2\rho\frac{(x_1-\mu_1)(x_2-\mu_2)}{\sigma_1\sigma_2}\right]\right\} \quad (7.1\text{-}7)$$

besitzt. Für die Parameter der Dichte gelten dabei die Ungleichungen

$$-\infty < \mu_1, \mu_2 < \infty;$$

$$0 < \sigma_1, \sigma_2 < \infty;$$

$$-1 < \rho^1 < 1.$$

Zur Abkürzung setzen wir in (7.1-7)

$$C = \frac{1}{2\pi\sigma_1\sigma_2\sqrt{1-\rho^2}} \quad , \qquad\qquad (7.1\text{-}8)$$

$$Q(x_1; x_2) = \frac{1}{1-\rho^2}\left[\frac{(x_1-\mu_1)^2}{\sigma_1^2} + \frac{(x_2-\mu_2)^2}{\sigma_2^2}\right.$$
$$\left. -2\rho\frac{(x_1-\mu_1)(x_2-\mu_2)}{\sigma_1\sigma_2}\right], \quad (7.1\text{-}9)$$

so daß die zweidimensionale Normalverteilungsdichte auch

$$f(\vec{x}) = C \exp\left(-\frac{1}{2}Q(x_1; x_2)\right)$$

geschrieben werden kann.

Die zweidimensionale Dichte $f(\vec{x})$ beschreibt eine Fläche im dreidimensionalen Raum, die im wesentlichen durch die quadratische Form $Q(x_1; x_2)$ charakterisiert ist. Der Einfluß der Parameter $\mu_1, \mu_2, \sigma_1, \sigma_2$ und ρ läßt sich wie folgt darstellen:

1. $Q(\mu_1; \mu_2) = 0$, d.h. $f(\vec{x})$ hat bei $\vec{x} = (\mu_1, \mu_2)^T$ ihr Maximum mit $f(\vec{x}) = C$.

---

[1] ρ ist der später (Definition 7.3-2) erklärte Korrelationskoeffizient von X_1 und X_2.

2. $f(\vec{x})$ ist durch Höhenlinien (Kurven konstanter Dichte) gekennzeichnet. Diese sind gleichzeitig Höhenlinien von Q, die durch $Q(x_1; x_2) = K \geq 0$ bestimmt sind. Die Höhenlinien sind Ellipsen mit dem Mittelpunkt $\vec{\mu} = (\mu_1, \mu_2)^T$, ihre Lage in der (x_1, x_2)-Ebene wird durch die restlichen drei Parameter σ_1, σ_2, ρ bestimmt:

1. Fall: $\rho = 0$

Die Hauptachsen $A = 2a$ und $B = 2b$ der Ellipsen sind parallel zur x_1- bzw. x_2-Achse mit

$$a = \sigma_1 \sqrt{K}, \quad b = \sigma_2 \sqrt{K}.$$

2. Fall: $\rho \neq 0, \quad \sigma_1 = \sigma_2 = \sigma$

Die Hauptachsen sind gegenüber den Koordinaten um $\gamma = \frac{\pi}{4}$ gedreht. Es gilt

$$a = \sigma \sqrt{K(1 - \rho)}, \quad b = \sigma \sqrt{K(1 + \rho)}.$$

3. Fall: $\rho \neq 0, \quad \sigma_1 \neq \sigma_2$

Die Hauptachsen sind gegenüber den Koordinaten um $\gamma = \frac{1}{2} \arctan\left(\frac{2\rho\sigma_1\sigma_2}{\sigma_2^2 - \sigma_1^2}\right)$ gedreht. Es gilt

$$a = \sigma_1\sigma_2 \sqrt{\frac{K(1 - \rho^2)}{\sigma_1^2 \sin^2\gamma + \sigma_2^2 \cos^2\gamma + 2\rho\sigma_1\sigma_2 \sin\gamma\cos\gamma}}$$

$$b = \sigma_1\sigma_2 \sqrt{\frac{K(1 - \rho^2)}{\sigma_1^2 \cos^2\gamma + \sigma_2^2 \sin^2\gamma - 2\rho\sigma_1\sigma_2 \sin\gamma\cos\gamma}}.$$

3. Als **zweidimensionale Standardnormalverteilung** ist der Fall $\mu_1 = \mu_2 = 0$; $\sigma_1^2 = \sigma_2^2 = 1$ und $-1 < \rho < 1$ anzusehen.

Bild 7.1-1 zeigt eine zweidimensionale Normalverteilungsdichte (Gauß-Glocke).

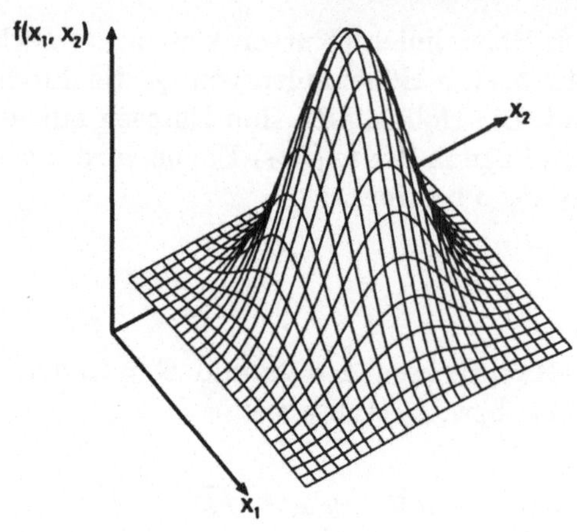

Bild 7.1-1: Dichte einer zweidimensionalen Normalverteilung

7.2   Randdichten und bedingte Dichten

Definition 7.2-1

$\vec{X}$ sei eine zweidimensionale Zufallsvariable mit der Dichte $f(\vec{x}) = f(x_1; x_2)$. Dann heißen

$$f_{X_1}(x_1) = \int\limits_{-\infty}^{\infty} f(x_1; x_2)\, dx_2 \qquad (7.2\text{-}1)$$

$$f_{X_2}(x_2) = \int\limits_{-\infty}^{\infty} f(x_1; x_2)\, dx_1 \qquad (7.2\text{-}2)$$

Randdichten *von* $\vec{X}$.

Bemerkungen:

(i) Die Randdichten $f_{X_1}(x_1)$ und $f_{X_2}(x_2)$ sind die Dichten der Komponenten des Zufallsvektors $\vec{X} = (X_1, X_2)^T$.

(ii) Sind X_1 und X_2 diskret, ergeben sich die Randverteilungen

$$P(X_1 = x_{1,n}) = \sum_{k=1}^{\infty} P(X_1 = x_{1,n}; X_2 = x_{2,k})$$

$$P(X_2 = x_{2,k}) = \sum_{n=1}^{\infty} P(X_1 = x_{1,n}; X_2 = x_{2,k}).$$

Definition 7.2-2

$\vec{X}$ sei eine zweidimensionale Zufallsvariable mit der Dichte $f(\vec{x}) = f(x_1; x_2)$ und es gelte $f_{X_1}(x_1) > 0$ sowie $f_{X_2}(x_2) > 0$. Dann heißt

$$f_{X_1}(x_1 | X_2 = x_2) = \frac{f(x_1; x_2)}{f_{X_2}(x_2)} \qquad (7.2\text{-}3)$$

*die **bedingte Dichte** von X_1 unter der Bedingung $X_2 = x_2$.*

$$f_{X_2}(x_2 | X_1 = x_1) = \frac{f(x_1; x_2)}{f_{X_1}(x_1)} \qquad (7.2\text{-}4)$$

ist die bedingte Dichte von X_2 unter der Bedingung $X_1 = x_1$.

Bemerkungen:

(i) Eine bedingte Dichte besitzt alle Eigenschaften einer Dichte (vergleiche Abschnitt 4.1).

(ii) Mit bedingten Dichten lassen sich folgende bedingte Wahrscheinlichkeiten berechnen:

$$F_{X_1}(x_1 | X_2 = x_2) = \int_{-\infty}^{x_1} f_{X_1}(u | X_2 = x_2)\, du$$

$$= P(X_1 \leq x_1 | X_2 = x_2) \qquad (7.2\text{-}5)$$

Man beachte, daß diese Wahrscheinlichkeit nicht mit Gleichung (3.1-1) berechnet werden kann, da $P(X_2 = x_2) = 0$ für die stetige Zufallsvariable X_2 gilt.

Entsprechend zu Satz 3.1-1 ergeben sich mit (7.2-1) und (7.2-3) die **Formel von der totalen Wahrscheinlichkeit für Dichten**

$$f_{X_1}(x_1) = \int_{-\infty}^{\infty} f_{X_1}(x_1|X_2 = x_2) f_{X_2}(x_2)\, dx_2 \tag{7.2-6}$$

und der **Satz von Bayes für Dichten**

$$f_{X_2}(x_2|X_1 = x_1) = \frac{f_{X_1}(x_1|X_2 = x_2) f_{X_2}(x_2)}{\displaystyle\int_{-\infty}^{\infty} f_{X_1}(x_1|X_2 = x_2) f_{X_2}(x_2)\, dx_2}. \tag{7.2-7}$$

(iii) Der **bedingte Erwartungswert** einer Zufallsvariablen X_1 unter der Bedingung $X_2 = x_2$ ist

$$E\{X_1|X_2 = x_2\} = \int_{-\infty}^{\infty} x_1 f_{X_1}(x_1|X_2 = x_2)\, dx_1. \tag{7.2-8}$$

(iv) Allgemein gilt:

$$E\{X_1\} = \int_{-\infty}^{\infty} E\{X_1|X_2 = x_2\} f_{X_2}(x_2)\, dx_2 \tag{7.2-9}$$

Beweis:

Gleichung (7.2-8) eingesetzt in die rechte Seite von (7.2-9) ergibt:

$$\int_{-\infty}^{\infty} \int_{-\infty}^{\infty} x_1 \underbrace{f_{X_1}(x_1|X_2 = x_2) f_{X_2}(x_2)}_{\text{mit}(7.2\text{-}3)\ =f(x_1;x_2)}\, dx_2\, dx_1 =$$

$$= \int_{-\infty}^{\infty} \int_{-\infty}^{\infty} x_1 f(x_1; x_2)\, dx_2\, dx_1$$

$$= \int_{-\infty}^{\infty} x_1 \underbrace{\int_{-\infty}^{\infty} f(x_1; x_2)\, dx_2}_{\text{Randdichte } f_{X_1}(x_1)}\, dx_1 = \int_{-\infty}^{\infty} x_1 f_{X_1}(x_1)\, dx_1 = E\{X_1\}$$

7.3 Unabhängigkeit von Zufallsvariablen

Definition 7.3-1

Zwei Zufallsvariablen X, Y heißen **unabhängig,** *wenn*

$$f(x,y) = f_X(x) \cdot f_Y(y) \tag{7.3-1}$$

gilt.

Bemerkung:

Diskrete Zufallsvariablen X, Y sind unabhängig, wenn

$$P(X = x_i; Y = y_k) = P(X = x_i)P(Y = y_k)$$

$$\forall i, k = 1, 2, \ldots \tag{7.3-2}$$

gilt.

Erwartungswerte für zweidimensionale Zufallsvariablen werden nach

$$E\left\{g(X,Y)\right\} = \int\limits_{-\infty}^{\infty} \int\limits_{-\infty}^{\infty} g(x,y)f(x,y)\,dx\,dy \tag{7.3-3}$$

berechnet.

Definition 7.3-2

X und Y seien zwei Zufallsvariablen.

$$\operatorname{cov}(X,Y) = E\left\{(X - E(X))(Y - E(Y))\right\}$$
$$= E\left\{(X - \mu_X)(Y - \mu_Y)\right\} \tag{7.3-4}$$

heißt **Kovarianz** *von X und Y und*

$$\rho_{X,Y} = \rho(X,Y) = \frac{\operatorname{cov}(X,Y)}{\sqrt{D^2(X)D^2(Y)}}$$
$$= \frac{E\left\{(X - \mu_X)(Y - \mu_Y)\right\}}{\sigma_X \sigma_Y} \tag{7.3-5}$$

ist der **Korrelationskoeffizient** *von X und Y.*

Im folgenden betrachten wir die normierten Zufallsvariablen

$$\widetilde{X} = \frac{X - \mu_X}{\sigma_X} \quad \text{und} \quad \widetilde{Y} = \frac{Y - \mu_Y}{\sigma_Y}.$$

Für beliebiges $t \in \mathbb{R}$ hat die Zufallsvariable $Z = t\widetilde{X} + \widetilde{Y}$ den Erwartungswert 0 und die Varianz $D^2(Z) = E(Z^2) = E\left\{\left[t\widetilde{X} + \widetilde{Y}\right]^2\right\} = t^2 E\left(\widetilde{X}^2\right) + 2tE\left(\widetilde{X}\widetilde{Y}\right) + E\left(\widetilde{Y}^2\right) \geq 0.$

Durch Einsetzen ergibt sich

$$E\left(\widetilde{X}\widetilde{Y}\right) = \frac{1}{\sigma_X \sigma_Y} E\left\{(X - \mu_X)(Y - \mu_Y)\right\} \overset{(7.3\text{-}5)}{=} \rho_{X,Y}$$

und damit $E(Z^2) = t^2 + 2t\rho_{X,Y} + 1 \geq 0$.

Für jedes $t \in \mathbb{R}$ gilt demnach $(t + \rho_{X,Y})^2 + (1 - \rho_{X,Y}^2) \geq 0$. Wäre nun $1 - \rho_{X,Y}^2 < 0$, so wäre die letzte Ungleichung für $t = -\rho_{X,Y}$ nicht erfüllt. Ist $1 - \rho_{X,Y}^2 \geq 0$, so ist die Ungleichung wegen $(t + \rho_{X,Y})^2 \geq 0$ für jedes $t \in \mathbb{R}$ erfüllt. Es muß also $\rho_{X,Y}^2 \leq 1$ sein oder

$$-1 \leq \rho_{X,Y} \leq 1. \tag{7.3-6}$$

Bemerkung:

Der Korrelationskoeffizient $\rho_{X,Y}$ stellt ein Ähnlichkeitsmaß der Zufallsvariablen X und Y dar:

Für $|\rho_{X,Y}| = 1$ sind X und Y maximal ähnlich. Für $\rho_{X,Y} = 0$ sind sie sich komplett unähnlich, man sagt, sie seien **unkorreliert**.

Unabhängige Zufallsvariablen sind unkorreliert. Die Umkehrung dieser Aussage gilt im allgemeinen **nicht**. Haben jedoch X und Y eine Normalverteilung und hat $(X, Y)^T$ eine zweidimensionale Normalverteilung, folgt aus $\rho_{X,Y} = 0$ die Unabhängigkeit von X und Y.

Für beliebige Zufallsvariablen X und Y gelten im Falle der Existenz von $E(X)$ und $E(Y)$ bzw. von $D^2(X)$ und $D^2(Y)$ die Beziehungen

$$E(X + Y) = E(X) + E(Y),$$

$$D^2(X + Y) = D^2(X) + D^2(Y) + 2\,\text{cov}(X, Y).$$

Sind X und Y unabhängig, folgt

$$\operatorname{cov}(X, Y) = 0,$$

$$E(X \cdot Y) = E(X) \cdot E(Y),$$

$$D^2(X + Y) = D^2(X) + D^2(Y).$$

Ist $\vec{X} = (X_1, X_2, \ldots, X_N)^T$ ein N-dimensionaler Zufallsvektor, wird

$$\sum_N = \begin{bmatrix} \operatorname{cov}(X_1, X_1) & \operatorname{cov}(X_1, X_2) & \cdots & \operatorname{cov}(X_1, X_N) \\ \operatorname{cov}(X_2, X_1) & \operatorname{cov}(X_2, X_2) & \cdots & \operatorname{cov}(X_2, X_N) \\ \vdots & \vdots & & \vdots \\ \operatorname{cov}(X_N, X_1) & \operatorname{cov}(X_N, X_2) & \cdots & \operatorname{cov}(X_N, X_N) \end{bmatrix} \tag{7.3-7}$$

als **Kovarianzmatrix** von $\vec{X}$ bezeichnet.

Beispiel:

$\vec{X} = (X_1, X_2)^T$ sei eine zweidimensionale normalverteilte Zufallsvariable mit $E(\vec{X}) = \vec{\mu} = (\mu_1, \mu_2)^T$. Für die Kovarianzmatrix $\sum_2$ folgt

$$\sum_2 = \begin{bmatrix} \sigma_1^2 & \rho\sigma_1\sigma_2 \\ \rho\sigma_1\sigma_2 & \sigma_2^2 \end{bmatrix}$$

und $\det \sum_2 = \sigma_1^2\sigma_2^2(1 - \rho^2)$. Damit gilt

$$\sum_2^{-1} = \frac{1}{1 - \rho^2} \begin{bmatrix} \sigma_1^{-2} & -\rho\sigma_1^{-1}\sigma_2^{-1} \\ -\rho\sigma_1^{-1}\sigma_2^{-1} & \sigma_2^{-2} \end{bmatrix}.$$

ρ ist natürlich der Korrelationskoeffizient der Komponenten X_1 und X_2 des Zufallsvektors $\vec{X}$.

Mit $\vec{x} = (x_1, x_2)^T$ kann (7.1-9) dann geschrieben werden als

$$Q(x_1, x_2) = (\vec{x} - \vec{\mu})^T \sum_2^{-1} (\vec{x} - \vec{\mu}) \tag{7.3-8}$$

und für C aus (7.1-8) gilt:

$$C = \left((2\pi)^2 \det \sum_2\right)^{-\frac{1}{2}}$$

Die Dichte von $\vec{X}$ erhält so die Form

$$f(\vec{x}) = \frac{1}{2\pi\sqrt{\det \sum_2}} \exp\left\{-\frac{1}{2}(\vec{x}-\vec{\mu})^T \sum_2^{-1} (\vec{x}-\vec{\mu})\right\}.$$

Der N-dimensionale normalverteilte Zufallsvektor $\vec{X} = (X_1, X_2, ..., X_N)^T$ besitzt die Dichte

$$f(\vec{x}) = \frac{1}{(2\pi)^{N/2}\sqrt{\det \sum_N}} \exp\left\{-\frac{1}{2}(\vec{x}-\vec{\mu})^T \sum_N^{-1} (\vec{x}-\vec{\mu})\right\}. \qquad (7.3\text{-}9)$$

7.4　Funktionen zweidimensionaler Zufallsvariablen

Gegeben seien die Zufallsvariablen X und Y. Diese werden mittels einer eineindeutigen Abbildung auf

$$U_1 = g_1(X,Y), \quad U_2 = g_2(X,Y) \qquad (7.4\text{-}1)$$

transformiert. Mit der gemeinsamen Dichte $f(x,y)$, der durch $x = h_1(u_1, u_2)$, $y = h_2(u_1, u_2)$ gegebenen Umkehrabbildung von (7.4-1) und der Funktionaldeterminante (Jacobi-Determinante)

$$\mathfrak{J} = \begin{vmatrix} \frac{\partial x}{\partial u_1} & \frac{\partial x}{\partial u_2} \\ \frac{\partial y}{\partial u_1} & \frac{\partial y}{\partial u_2} \end{vmatrix}$$

ergibt sich für die Dichte von $(U_1, U_2)^T$:

$$h(u_1, u_2) = f[h_1(u_1, u_2); h_2(u_1, u_2)] \, |\mathfrak{J}| \qquad (7.4\text{-}2)$$

Aus (7.4-2) können die Dichten bzw. die Verteilungen für Summe, Produkt und Quotienten zweier Zufallsvariablen berechnet werden.

(a) **Summe** $Z = X + Y$
Mit

$$F_Z(z) = P(X + Y \le z) \qquad (7.4\text{-}3)$$

ist die Wahrscheinlichkeit gegeben, mit der die Zufallsvariable Z Werte unterhalb der Geraden $x + y = z$ annimmt (Bild 7.4-1).

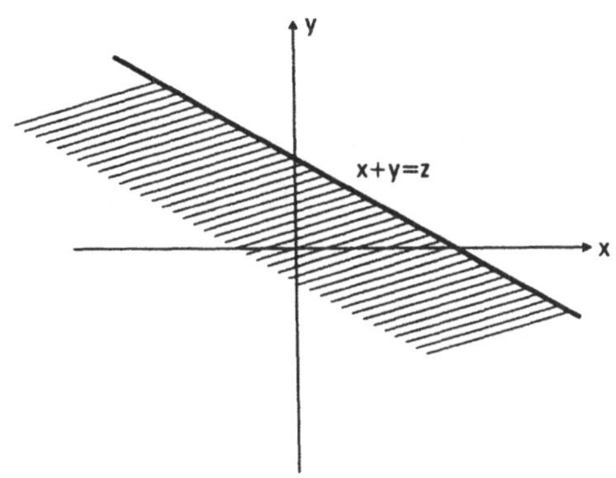

Bild 7.4-1: Zur Herleitung der Dichte von $Z = X + Y$

Mit $f(x,y)$, $f_X(x)$ und $f_Y(y)$ bezeichnen wir die Dichten des Zufallsvektors $(X,Y)^T$ und der Zufallsvariablen X bzw. Y.

Die Transformationsgleichungen (7.4-1) schreiben sich hier

$$U_1 = X, \quad U_2 = X + Y = Z$$
$$\Leftrightarrow \quad X = U_1, \quad Y = U_2 - U_1 = Z - X.$$

Damit ergibt sich für die Jacobi-Determinante

$$\mathfrak{J} = \begin{vmatrix} 1 & 0 \\ -1 & 1 \end{vmatrix} = 1.$$

Mit (7.4-2) erhalten wir damit für die Dichte des Zufallsvektors $(X,Z)^T$:

$$h(x,z) = f(x, z - x)$$

Die Dichte von Z ergibt sich daraus durch Integration über x:

$$f_Z(z) = \int\limits_{-\infty}^{\infty} f(x, z - x)\, dx \tag{7.4-4}$$

Daraus folgt

$$F_Z(z) = \int\limits_{-\infty}^{z} f_Z(u)\, du = \int\limits_{-\infty}^{z} \int\limits_{-\infty}^{\infty} f(x, u - x)\, dx\, du.$$

Sind X und Y unabhängig folgt mit (7.3-1):

$$f_Z(z) = \int\limits_{-\infty}^{\infty} f_X(x) f_Y(z - x)\, dx \tag{7.4-5}$$

und

$$F_Z(z) = \int\limits_{-\infty}^{z} \int\limits_{-\infty}^{\infty} f_X(x) f_Y(u - x)\, dx\, du.$$

Satz 7.4-1

Die Dichte der Summe $Z = X + Y$ zweier unabhängiger Zufallsvariablen X und Y ist die Faltung der Einzeldichten (7.4-5).

In diesen Zusammenhang paßt auch der im folgenden formulierte Multiplikationssatz charakteristischer Funktionen:

Satz 7.4-2

X und Y seien unabhängige Zufallsvariablen mit den charakteristischen Funktionen $\varphi_X(s)$ bzw $\varphi_Y(s)$. Die charakteristische Funktion der Zufallsvariablen $Z = X + Y$ ist dann

$$\varphi_Z(s) = \varphi_X(s) \cdot \varphi_Y(s). \tag{7.4-6}$$

Beweis:

Mit X und Y sind auch e^{jsX} und e^{jsY} unabhängige Zufallsvariablen und damit folgt

$$E\left\{e^{js(X+Y)}\right\} = E\left\{e^{jsX}e^{jsY}\right\}$$

$$= E\left\{e^{jsX}\right\} \cdot E\left\{e^{jsY}\right\}.$$

(b) Produkt $Z = X \cdot Y$

(7.4-1) schreibt sich hier

$$U_1 = X, \quad U_2 = Z = X \cdot Y$$

$$\Leftrightarrow \quad X = U_1, \quad Y = \frac{U_2}{U_1} = \frac{Z}{X}.$$

$$\mathfrak{J} = \begin{vmatrix} 1 & 0 \\ -\frac{z}{x^2} & \frac{1}{x} \end{vmatrix} = \frac{1}{x} \quad \Rightarrow \quad |\mathfrak{J}| = \frac{1}{|x|}$$

Die Dichte von $(X, Z)^T$ ist mit (7.4-2)

$$h(x, z) = f\left(x, \frac{z}{x}\right) \frac{1}{|x|}.$$

Daraus ergibt sich für die Dichte und für die Verteilungsfunktion von Z:

$$f_Z(z) = \int\limits_{-\infty}^{\infty} f\left(x, \frac{z}{x}\right) \frac{1}{|x|}\, dx, \tag{7.4-7}$$

$$F_Z(z) = \int\limits_{-\infty}^{z} \int\limits_{-\infty}^{\infty} f\left(x, \frac{u}{x}\right) \frac{1}{|x|}\, dx\, du$$

Sind X und Y unabhängig, nehmen die letzten beiden Gleichungen die folgende Form an:

$$f_Z(z) = \int\limits_{-\infty}^{\infty} \frac{1}{|x|} f_X(x) f_Y\left(\frac{z}{x}\right)\, dx, \tag{7.4-8}$$

$$F_Z(z) = \int\limits_{-\infty}^{z} \int\limits_{-\infty}^{\infty} \frac{1}{|x|} f_X(x) f_Y\left(\frac{u}{x}\right)\, dx\, du$$

(c) Quotient $Z = X/Y$

Für allgemeine Zufallsvariablen X und Y ergibt sich:

$$f_Z(z) = \int\limits_{-\infty}^{\infty} f(yz, y)|y|\, dy, \tag{7.4-9}$$

$$F_Z(z) = \int\limits_{-\infty}^{z} \int\limits_{-\infty}^{\infty} f(yu, y)|y|\, dy\, du$$

Sind X und Y unabhängig, erhält man:

$$f_Z(z) = \int\limits_{-\infty}^{\infty} f_X(yz) f_Y(y)|y|\, dy, \tag{7.4-10}$$

$$F_Z(z) = \int\limits_{-\infty}^{z} \int\limits_{-\infty}^{\infty} f_X(yu) f_Y(y)|y|\, dy\, du$$

7.5 Komplexwertige Zufallsvariablen

Definition 7.5-1

X und Y seien reellwertige Zufallsvariablen (siehe Definition 4.1-1), dann ist mit der imaginären Einheit j

$$Z = X + jY \tag{7.5-1}$$

eine **komplexwertige** *(kurz: komplexe)* **Zufallsvariable.**

Bemerkung:

Die Verteilung der komplexen Zufallsvariablen Z ist durch die zweidimensionale Verteilungsfunktion $F(x, y) = P(X \le x, Y \le y)$ des Zufallsvektors $(X, Y)^T$ bestimmt.

Die Momente komplexwertiger Zufallsvariablen sind zunächst genauso definiert wie bei reellen Zufallsvariablen, es handelt sich dabei aber um komplexe Zahlen. Dies hat Folgen:

Die Varianz der komplexen Zufallsvariablen Z ist gegeben durch

$$D^2(Z) = E\left\{|Z - E(Z)|^2\right\}$$
$$= E\left\{(Z - E(Z))(Z - E(Z))^*\right\}\,[1]. \tag{7.5-2}$$

Es folgt

$$D^2(Z) = E\left\{(Z - E(Z))(Z - E(Z))^*\right\}$$
$$= E\left\{ZZ^* - Z^*E(Z) - ZE^*(Z) + E(Z)E^*(Z)\right\}$$
$$= E\left\{X^2 + Y^2\right\} - E(Z)E^*(Z)$$
$$= E\left(X^2\right) + E\left(Y^2\right) - E^2(X) - E^2(Y)$$
$$= D^2(X) + D^2(Y).$$

Die **Kovarianz der komplexen Zufallsvariablen Z_1 und Z_2** (d.h. die Kovarianz des Vektors $(Z_1, Z_2)^T$) ist definiert durch

$$\operatorname{cov}(Z_1, Z_2) = E\left\{(Z_1 - E(Z_1))(Z_2 - E(Z_2))^*\right\}. \tag{7.5-3}$$

Bemerkung:

Es gilt der Zusammenhang

$$\operatorname{cov}(Z_2, Z_1) = [\operatorname{cov}(Z_1, Z_2)]^*.$$

7.6 Transformation von Zufallszahlen

Bei der Generierung von Zufallszahlen mit Rechnern werden normalerweise gleichverteilte Zufallszahlen im Intervall $[0, 1)$ erzeugt. Für viele Untersuchungen werden aber anders verteilte Zufallsvariablen benötigt. Besonders wichtig sind z.B. normalverteilte Zufallsvariablen. Es ergibt sich also die Aufgabe, eine Zufallsvariable X mit der Verteilungsfunktion $F_X(x)$ durch eine Transformation $g(X) = Y$ auf eine Zufallsvariable Y abzubilden, die die gewünschte Verteilungsfunktion $F_Y(y)$ besitzt.

---

[1] a^* bezeichnet die zu $a \in \mathbf{C}$ konjugiert komplexe Größe.

Satz 7.6-1

Es sei X eine Zufallsvariable mit der Verteilungsfunktion $F_X(x)$. Die Zufallsvariable $Z = g(X)$ (g eindeutig umkehrbar) ist genau dann im Intervall $[0,1)$ gleichverteilt, wenn gilt

$$g(X) = F_X(X). \qquad\qquad (7.6\text{-}1)$$

Beweis:

Wir nehmen an, daß g monoton wächst.

"$\Rightarrow$": Es gilt $F_Z(z) = z$, Z gleichverteilt in $[0,1)$:

$$\begin{aligned}
F_X(x) = P(X \le x) &= P(g^{-1}(Z) \le x) \\
&= P(Z \le g(x)) = F_Z(g(x)) = g(x)
\end{aligned}$$

"$\Leftarrow$": Es gilt $F_X(X) = g(X) = Z$:

$$\begin{aligned}
F_Z(z) = P(Z \le z) &= P(g(X) \le z) \\
&= P(X \le g^{-1}(z)) = F_X(g^{-1}(z)) \\
&= F_X(F_X^{-1}(z)) = z
\end{aligned}$$

im Intervall $[0,1)$

Satz 7.6-2

Gegeben sei eine im Intervall $[0,1)$ gleichverteilte Zufallsvariable Z und eine Zufallsvariable Y. Y hat genau dann die gewünschte Verteilungsfunktion $F_Y(y)$, wenn gilt

$$Y = F_Y^{-1}(Z).$$

Beweis:

Mit Satz 7.6-1 gilt für Z gleichverteilt in $[0,1)$ und eine beliebige Zufallsvariable Y

$$Z = F_Y(Y)$$

$$\Leftrightarrow F_Y^{-1}(Z) = Y.$$

Mit Satz 7.6-1 und Satz 7.6-2 kann nun der folgende allgemeine Satz gezeigt werden:

Satz 7.6-3

Es sei eine Zufallsvariable X mit der Verteilungsfunktion $F_X(x)$ gegeben. Die Zufallsvariable Y hat die gewünschte Verteilungsfunktion $F_Y(y)$, wenn

$$Y = F_Y^{-1}(F_X(X))$$

gilt.

Beweis:

Aus Satz 7.6-1 erhält man mit $Z = F_X(X)$ eine in $[0,1)$ gleichverteilte Zufallsvariable Z und mit Satz 7.6-2 ergibt sich aus $Y = F_Y^{-1}(Z) = F_Y^{-1}(F_X(X))$ eine Zufallsvariable mit der Verteilungsfunktion F_Y.

Beispiel:

Vorhanden ist ein Zufallsgenerator, der gleichverteilte Zufallszahlen Z im Intervall $[0,1)$ erzeugt. Gesucht ist eine Transformation $g(Z)$, die die Zufallszahlen in exponentialverteilte Zufallszahlen Y überträgt.

Lösung:

Z sei gleichverteilt in $[0,1)$. Mit Satz 7.6-2 ergibt sich eine exponentialverteilte Zufallsvariable Y durch

$$Y = F_Y^{-1}(Z) \qquad \text{mit}$$

$$F_Y(y) = 1 - e^{-\lambda y} \qquad y > 0$$

$$\Rightarrow Z = 1 - e^{-\lambda Y}$$

$$\Rightarrow 1 - Z = e^{-\lambda Y}$$

$$-\frac{1}{\lambda}\ln(1 - Z) = Y.$$

7.7 Aus normalverteilten abgeleitete Zufallsvariablen

Für viele Anwendungen (z.B. Verteilungstests, Mehrwegeausbreitung, ...)
werden Zufallsvariablen betrachtet, die mehr oder weniger direkt aus normalverteilten Zufallsvariablen abgeleitet werden können (zur Übersicht vergleiche Bild 7.7-1). Zur Bestimmung der zugehörigen Verteilungsfunktionen
bzw. Dichten werden die Ergebnisse aus Abschnitt 7.4 eingesetzt. Verteilungsfunktionen und Dichten werden hier nicht angegeben, sie können z.B.
in [Pro95], S.45ff., nachgelesen werden.

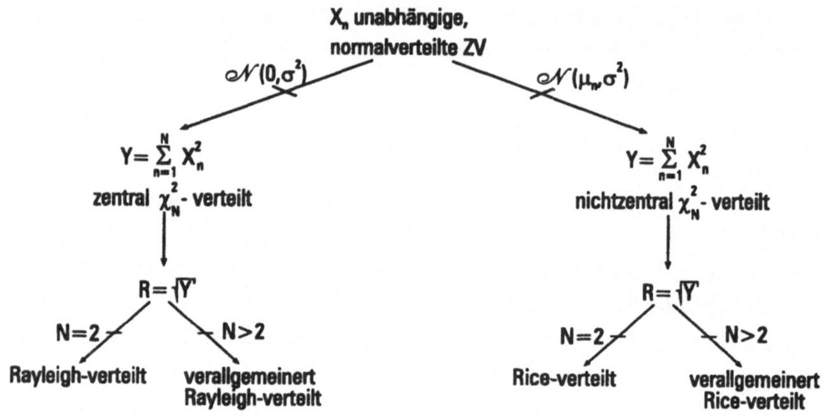

Bild 7.7-1: Aus normalverteilten Zufallsvariablen abgeleitete Zufallsvariablen

Sind die Zufallsvariablen X_n; $n = 1, 2, \ldots$; $\mathcal{N}(0; \sigma^2)$-verteilt und unabhängig, besitzt

$$Y = \sum_{n=1}^{N} X_n^2 \tag{7.7-1}$$

eine **zentrale χ_N^2-Verteilung** mit N Freiheitsgraden und

$$R = \sqrt{Y} \tag{7.7-2}$$

hat für $N = 2$ eine **Rayleigh-Verteilung**. Ist $N > 2$, besitzt R eine **verallgemeinerte Rayleigh-Verteilung**.

Bemerkung:

In der Nachrichtentechnik werden rayleighverteilte Zufallsvariablen zur Modellierung von Mehrwegeausbreitungen benutzt, wenn es **keinen** direkten Ausbreitungspfad vom Sender zum Empfänger gibt.

Sind die Zufallsvariablen X_n; $n = 1, 2, \ldots, N$; $\mathcal{N}(\mu_n; \sigma^2)$-verteilt und unabhängig, ist Y (7.7-1) **nichtzentral** χ_N^2-**verteilt** mit N Feiheitsgraden. $R = \sqrt{Y}$ (7.7-2) besitzt für $N = 2$ eine **Rice-Verteilung** und für $N > 2$ eine **verallgemeinerte Rice-Verteilung**.

Bemerkung:

In der Nachrichtentechnik werden riceverteilte Zufallsvariablen zur Modellierung von Mehrwegeausbreitungen benutzt, wenn es einen direkten Ausbreitungspfad vom Sender zum Empfänger gibt.

Für normalverteilte Zufallsvariablen gilt der

> **Satz 7.7-1**
>
> *Die Zufallsvariablen X_1 und X_2 seien unabhängig und besitzen eine $\mathcal{N}(\mu_n; \sigma_n^2)$-Verteilung; $n = 1, 2$. Die Summe $Y = X_1 + X_2$ hat dann eine $\mathcal{N}(\mu_1 + \mu_2; \sigma_1^2 + \sigma_2^2)$-Verteilung.*

Beweis:

Die Zufallsvariablen X_n haben gemäß (5.2-5)

$$\varphi_{X_n}(s) = e^{js\mu_n} \exp\left(-\frac{1}{2}\sigma_n^2 s^2\right); \quad n = 1, 2;$$

als charakteristische Funktionen. Nach Satz 7.4-2 (Gleichung (7.4-6)) ergibt sich für $Y = X_1 + X_2$ die charakteristische Funktion

$$\varphi_Y(s) = \varphi_{X_1}(s) \cdot \varphi_{X_2}(s)$$

$$= e^{js\mu_1} \exp\left(-\frac{1}{2}\sigma_1^2 s^2\right) \cdot e^{js\mu_2} \exp\left(-\frac{1}{2}\sigma_2^2 s^2\right)$$

$$= e^{j(\mu_1 + \mu_2)} \cdot \exp\left(-\frac{1}{2}(\sigma_1^2 + \sigma_2^2)s^2\right).$$

Bemerkungen:

(i) Die Erweiterung der Aussage von Satz 7.7-1 ist trivial: Sind die X_n

$\mathcal{N}(\mu_n; \sigma_n^2)$-verteilt und unabhängig, hat

$$Y = \sum_{n=1}^{N} X_n$$

eine $\mathcal{N}\left(\sum_{n=1}^{N} \mu_n; \sum_{n=1}^{N} \sigma_n^2\right)$-Verteilung.

(ii) Die Klasse unabhängiger normalverteilter Zufallsvariablen ist gegenüber Summenbildung abgeschlossen.

7.8 Gesetze der großen Zahlen und Grenzwertsätze

Die relative Häufigkeit für das Auftreten eines zufälligen Ereignisses $H_N(A)$ ist ein Schätzwert für die Wahrscheinlichkeit des Ereignisses $P(A)$ (vergleiche Abschnitt 2.2). Die nun zu beantwortende Frage lautet: Welchen Zusammenhang gibt es zwischen $H_N(A)$ und $P(A)$?

Dazu sei A ein Ereignis, das mit der Wahrscheinlichkeit p ($0 < p < 1$) eintritt. $\overline{A}$ hat dann also die Wahrscheinlichkeit $1 - p$. Anders kann mit Hilfe der **Indikatorfunktion** von A genannten Zufallsvariablen

$$I_n(\xi) = \begin{cases} 1 & \text{für } \xi \in A \\ 0 & \text{sonst} \end{cases} \tag{7.8-1}$$

der Versuch durch $P(I_n = 1) = p$, $P(I_n = 0) = 1 - p$ beschrieben werden.

Wir betrachten nun N Zufallsvariablen I_n, die unabhängig und gemäß (7.8-1) definiert sind. Die Zufallsvariable

$$S_N = \sum_{n=1}^{N} I_n \tag{7.8-2}$$

hat (vergleiche Abschnitt 6.2) eine Binomialverteilung mit den Parametern $E(S_N) = Np$ und $D^2(S_N) = Np(1 - p)$. Die Division von (7.8-2) durch N liefert

$$H_N(A) = \frac{S_N}{N} = \frac{1}{N} \sum_{n=1}^{N} I_n \tag{7.8-3}$$

als Zufallsvariable mit

$$E(H_N(A)) = p, \quad D^2(H_N(A)) = \frac{1}{N}p(1-p).$$

Für die folgende Diskussion benötigen wir den

Satz 7.8-1   (Tschebyscheffsche Ungleichung)

Es sei $c \in \mathbb{R}$ beliebig und X eine Zufallsvariable mit endlicher Varianz. Dann gilt für jedes $\epsilon > 0$:

$$P\{|X - c| \geq \epsilon\} \leq \frac{1}{\epsilon^2} E\left\{[X - c]^2\right\} \tag{7.8-4}$$

Beweis:

Es ist

$$P\{|X - c| \geq \epsilon\} = \int\limits_{|x-c|\geq\epsilon} f(x)\,dx.$$

Im Integrationsbereich gilt

$$|x - c| \geq \epsilon \quad \Leftrightarrow \quad \frac{(x - c)^2}{\epsilon^2} \geq 1 \quad (x, c \in \mathbb{R})$$

und so folgt

$$\begin{aligned}
P\{|X - c| \geq \epsilon\} &= \int\limits_{|x-c|\geq\epsilon} f(x)\,dx \\
&\leq \int\limits_{|x-c|\geq\epsilon} \frac{(x - c)^2}{\epsilon^2} f(x)\,dx \\
&\leq \frac{1}{\epsilon^2} \int\limits_{-\infty}^{\infty} (x - c)^2 f(x)\,dx \\
&= \frac{1}{\epsilon^2} E\left\{[X - c]^2\right\}.
\end{aligned}$$

Folgerung:

Mit $c = E(X)$ folgt aus der Tschebyscheffschen Ungleichung (7.8-4):

$$P\{|X - E(X)| \geq \epsilon\} \leq \frac{1}{\epsilon^2} E\left\{[X - E(X)]^2\right\}$$

$$= \frac{1}{\epsilon^2} D^2(X) \tag{7.8-5}$$

Wir kehren nun zur Diskussion der relativen Häufigkeit $H_N(A)$ (7.8-3) zurück und stellen mit Hilfe der Ungleichung (7.8-5) fest, daß

$$P\{|H_N(A) - p| \geq \epsilon\} \leq \frac{p(1-p)}{N\epsilon^2}$$

$$\Leftrightarrow \quad P\{|H_N(A) - p| < \epsilon\} \geq 1 - \frac{p(1-p)}{N\epsilon^2}$$

gilt. Durch Grenzübergang $N \to \infty$ erhalten wir

Satz 7.8-2   (Bernoullisches Gesetz der großen Zahlen)

Ist $X_1, X_2, \ldots$ eine Folge unabhängiger, identisch verteilter Zufallsvariablen mit

$$P(X_n = 1) = p, P(X_n = 0) = 1 - p \quad (0 < p < 1),$$

gilt für alle $\epsilon > 0$

$$\lim_{N\to\infty} P\left\{\left|\frac{1}{N}\sum_{n=1}^{N} X_n - p\right| < \epsilon\right\} = 1. \tag{7.8-6}$$

Bemerkung:

Die Wahrscheinlichkeit $P(A)$ ist **nicht** der Grenzwert der relativen Häufigkeit $H_N(A)$. Aber gemäß (7.8-6) konvergiert

$$P\{|H_N(A) - P(A)| < \epsilon\} \xrightarrow[N\to\infty]{} 1.$$

Man sagt, die relative Häufigkeit **konvergiere in Wahrscheinlichkeit** gegen die Wahrscheinlichkeit.

Das oben genannte Gesetz der großen Zahlen läßt sich folgendermaßen verallgemeinern:

Satz 7.8-3 (Chintschinsches Gesetz der großen Zahlen)

Ist $X_1, X_2, \ldots$ eine Folge unabhängiger, identisch verteilter Zufallsvariablen mit $E(X_n) = \mu < \infty$, folgt für alle $\epsilon > 0$:

$$\lim_{N \to \infty} P\left\{ \left| \frac{1}{N} \sum_{n=1}^{N} X_n - \mu \right| < \epsilon \right\} = 1 \tag{7.8-7}$$

Den Beweis von (7.8-7) findet man zum Beispiel in [Fis70], S.260.

Bemerkung:

Die bei der relativen Häufigkeit beobachteten Stabilitätseigenschaften (7.8-6), liegen auch für das arithmetische Mittel unabhängiger, identisch verteilter Zufallsvariablen vor.

Im folgenden wollen wir uns ein Bild von der Wichtigkeit der Normalverteilung machen. Wir beginnen die Diskussion mit einem

Beispiel [Bey95]:   Gegeben seien die unabhängigen über dem Intervall $[0, 1]$ stetig gleichverteilten Zufallsvariablen X_1, X_2, X_3, X_4.

$S_2 = X_1 + X_2$ nimmt Werte aus $[0, 2]$ an und besitzt gemäß (7.4-5) die Dichte

$$f_{S_2}(z) = \begin{cases} 0 & \text{für} \quad z \leq 0 \\ z & \text{für} \quad 0 < z \leq 1 \\ 2 - z & \text{für} \quad 1 < z \leq 2 \\ 0 & \text{für} \quad 2 < z \end{cases}. \tag{7.8-8}$$

Auch $X_3 + X_4$ hat die Dichte (7.8-8). Damit ergibt sich die Dichte von

$$S_4 = X_1 + X_2 + X_3 + X_4$$

aus der Faltung von (7.8-8) mit sich selbst zu

$$
fs_4(z) = \begin{cases}
0 & \text{für} \quad z \leq 0 \\
\frac{z^3}{6} & \text{für} \quad 0 < z \leq 1 \\
-\frac{z^3}{2} + 2z^2 - 2z + \frac{2}{3} & \text{für} \quad 1 < z \leq 2 \\
\frac{z^3}{2} - 4z^2 + 10z - \frac{22}{3} & \text{für} \quad 2 < z \leq 3 \\
-\frac{z^3}{6} + 2z^2 - 8z + \frac{32}{3} & \text{für} \quad 3 < z \leq 4 \\
0 & \text{für} \quad 4 < z
\end{cases}
\tag{7.8-9}
$$

Bild 7.8-1 zeigt die Dichten von $S_1 = X_1$, S_2 und S_4.

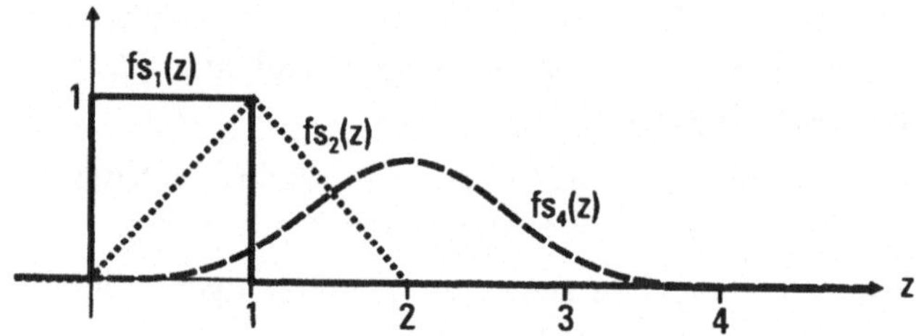

Bild 7.8-1: Dichte von Summen über $[0,1]$ gleichverteilter Zufallsvariablen (nach [Bey95])

Aus (7.8-9) kann über den Zusammenhang (4.2-3) die Dichte von

$$
Z_4 = \frac{S_4 - E\{S_4\}}{\sqrt{D^2(S_4)}}
$$

bestimmt werden. Wenn man diese Dichte gemeinsam mit der Dichte einer $\mathcal{N}(0;1)$-verteilten Zufallsvariablen aufzeichnet, ergibt sich Bild 7.8-2. Die standardisierte Summe Z_4 nähert offenbar eine $\mathcal{N}(0;1)$-verteilte Zufallsvariable an.

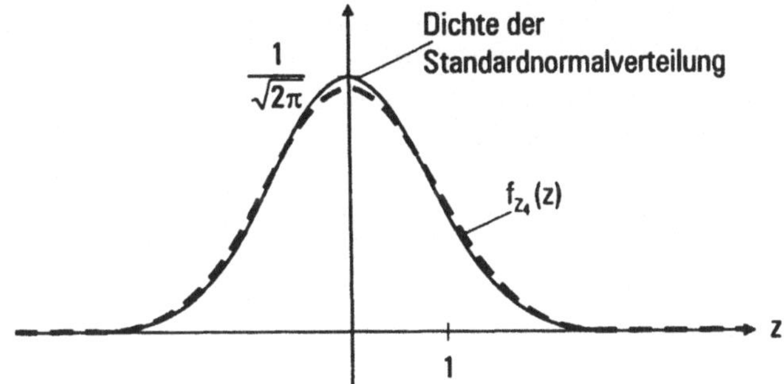

Bild 7.8-2: Vergleich der Dichten von Z_4 und der Standardnormalverteilung (nach [Bey95])

Genauer gilt

Satz 7.8-4   (Zentraler Grenzwertsatz):

$X_1, X_2, \ldots$ sei eine Folge unabhängiger, identisch verteilter Zufallsvariablen mit

$$E(X_n) = m < \infty \ \text{ und } \ D^2(X_n) = d^2 < \infty,$$

dann gilt mit $S_N = \sum\limits_{n=1}^{N} X_n$ für jedes $x \in \mathbb{R}$

$$\lim_{N \to \infty} P\left\{ \frac{S_N - Nm}{\sqrt{N}d} \le x \right\} = \frac{1}{\sqrt{2\pi}} \int\limits_{-\infty}^{x} \exp\left(-\frac{y^2}{2}\right) dy. \qquad (7.8\text{-}10)$$

Bemerkungen:

(i) Die Folge der Verteilungsfunktionen der standardisierten Summen

$$Z_N = \frac{S_N - Nm}{\sqrt{N}d}$$

konvergiert für $N \to \infty$ gegen die Verteilungsfunktion einer $\mathcal{N}(0;1)$-verteilten Zufallsvariablen.

(ii) Den Beweis des Satzes 7.8-4 findet man z.B. in [Fis70], S.235.

(iii) Der zentrale Grenzwertsatz gilt unter weiterreichenden als den hier erwähnten Bedingungen. So kann (bei Einführung anderer Randbedingungen) auf die Forderung verzichtet werden, daß die Zufallsvariablen $X_1, X_2, \ldots$ identisch verteilt sind [Rén71].

Ein Sonderfall des zentralen Grenzwertsatzes ist der

Satz 7.8-5 (Satz von de Moivre-Laplace):

Ist S_N eine binomialverteilte Zufallsvariable mit den Parametern N und p, gilt für jedes $x \in \mathbb{R}$

$$\lim_{N \to \infty} P\left\{ \frac{S_N - Np}{\sqrt{Np(1-p)}} \leq x \right\} = \frac{1}{\sqrt{2\pi}} \int_{-\infty}^{x} \exp\left(-\frac{y^2}{2} \right) dy. \qquad (7.8\text{-}11)$$

Bemerkungen:

(i) $S_N = \sum_{n=1}^{N} X_n$ ist die Summe (identisch) Null-Eins-verteilter Zufallsvariablen (Bernoullisches Versuchsschema).

(ii) Als Faustregel wird im allgemeinen angegeben, daß die Approximation der Binomialverteilung mit der Normalverteilung für praktische Zwecke ausreicht, wenn $D^2(S_N) \geq 9$ gilt.

(iii) Oft wird bei der Approximation der Binomialverteilung eine Stetigkeitskorrektur vorgenommen [Hen97].
Statt

$$P(k < S_N \leq l) \approx \Phi\left(\frac{l - Np}{\sqrt{Np(1-p)}} \right) - \Phi\left(\frac{k - Np}{\sqrt{Np(1-p)}} \right)$$

$$= \Phi(x_{l,N}) - \Phi(x_{k,N})$$

wird oft

$$P(k < S_N \leq l) \approx \Phi\left(\frac{l - Np + \frac{1}{2}}{\sqrt{Np(1-p)}} \right) - \Phi\left(\frac{k - Np - \frac{1}{2}}{\sqrt{Np(1-p)}} \right)$$

benutzt.

Vergleicht man das Histogramm der standardisierten Binomialverteilung mit der standardisierten Gaußdichte $f(x)$, wird die Motivation dieser Korrektur offensichtlich (Bild 7.8-3).

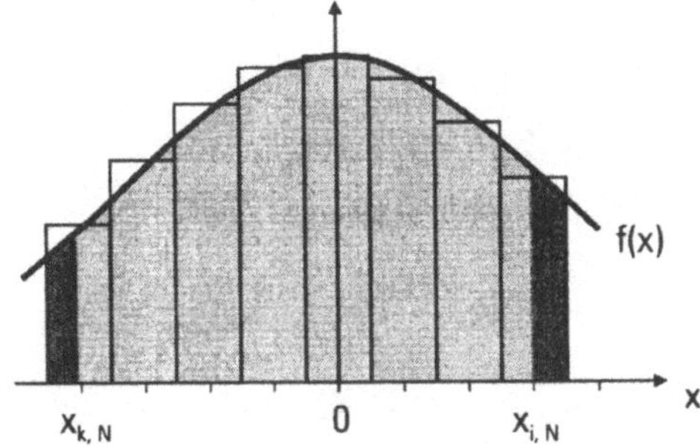

Bild 7.8-3: Approximation der Gaußdichte durch die Binomialverteilung (nach [Hen97])

Beispiel [Jon91]:

Ein Frequenzsprungsender benutze den Frequenzbereich zwischen 30 MHz und 80 MHz. Die Kanalbandbreite betrage 25 kHz, d.h. es gib 2000 Kanäle, die alle mit gleicher Wahrscheinlichkeit angesprungen werden. Eine Sendung dauere 10 s, die Dauer des einzelnen Hops sei 10^{-3} s. Die Sendung besteht also aus 10^4 Hops. Eine Frequenz wird mit einem Empfänger beobachtet: Wie groß ist die Wahrscheinlichkeit dafür, daß mindestens 3 Hops der Sendung erfaßt werden?

Gesucht ist die Wahrscheinlichkeit

$$P(S_{10^4} \geq 3) = \sum_{n=3}^{10^4} \binom{10^4}{n} \left(\frac{1}{2000}\right)^n \left(1 - \frac{1}{2000}\right)^{10^4 - n} .$$

Der Satz von de Moivre-Laplace versetzt uns in die Lage, diese Wahrscheinlichkeit zu berechnen: Es ist $N = 10^4$, $p = \frac{1}{2000}$, woraus mit $Np = 5$ und

$\sqrt{Np(1-p)} = 2{,}24$ folgt:

$$P(S_N \geq 3) = P\left\{ \frac{S_N - Np}{\sqrt{Np(1-p)}} \geq \frac{3 - Np}{\sqrt{Np(1-p)}} \right\}$$

$$= P\{X_N \geq -0{,}89\}$$

$$= \frac{1}{\sqrt{2\pi}} \int\limits_{-0{,}89}^{\infty} \exp\left(-\frac{y^2}{2}\right)\, dy \approx 0{,}81$$

Bemerkung:

In den Rahmen der hier zitierten Grenzwertaussagen gehört auch der in Abschnitt 6.4 bewiesene Satz 6.4-1, der den Zusammenhang zwischen Binomial- und Poissonverteilung kennzeichnet. Dieser Satz wird deshalb auch als Poissonscher Grenzwertsatz bezeichnet.

Eine experimentelle Bestätigung des Satzes von de Moivre-Laplace stellt das **Galtonsche Brett** (Bild 7.8-4) dar [Rén71]. Es enthält N Reihen von Hindernissen in regelmäßiger Anordnung. In der n-ten Reihe gibt es genau n Hindernisse. Eine herunterfallende Kugel wird in jeder Reihe mit der Wahrscheinlichkeit $p = \frac{1}{2}$ nach links oder rechts abgelenkt. Unter der letzten Hindernisreihe befinden sich $N+1$ Speicher zum Sammeln der Kugeln. Eine Kugel gelangt in den k-ten Speicher von links ($k = 0, 1, 2, \ldots, N$), wenn sie an genau k Reihen nach rechts und an den übrigen $N - k$ Reihen nach links abgelenkt wurde. Wenn angenommen wird, daß die Ablenkungen an den

Bild 7.8-4: Das Galtonsche Brett

verschiedenen Reihen voneinander unabhängig sind, ist die Wahrscheinlichkeit für das Ereignis „die Kugel landet im k-ten Speicher von links" gleich $\binom{N}{k} \frac{1}{2^N}$. Läßt man eine große Anzahl von Kugeln über das Galtonsche Brett rollen, entwickelt sich in den Speichern eine Verteilung der Kugeln, die der Gaußdichte ähnlich ist.

7.9 Übungsaufgaben

Aufgabe 7.1 [Bos95]

Beim Roulette-Spiel wird eine der 37 Zahlen $0, 1, 2, \ldots, 36$ ausgespielt. Setzt man auf das untere Dutzend $\{1, 2, \ldots, 12\}$, so erhält man bei Gewinn den dreifachen Einsatz, d.h. man hat einen Reingewinn von $X = 2$. Bei jeder ausgespielten Zahl, die nicht in $\{1, 2, \ldots, 12\}$ enthalten ist, verliert man den Einsatz ($X = -1$). Setzt man auf „Impair", d.h. auf die ungeraden Zahlen, so erhält man bei Gewinn den doppelten Einsatz (Reingewinn $Y = 1$). Wird eine gerade Zahl ausgespielt, verliert man den Einsatz ($Y = -1$). In dem speziellen Fall einer ausgespielten Null, kann man den halben Einsatz herausnehmen ($Y = -1/2$).
Ein Spieler setze nun jeweils eine Einheit auf $\{1, 2, \ldots, 12\}$ und eine auf „Impair".

a) Bestimmen Sie die Wahrscheinlichkeiten der zweidimensionalen, diskreten Zufallsvariablen (X, Y) und die Randwahrscheinlichkeiten.

b) Bestimmen Sie die Wahrscheinlichkeiten der Gewinnsumme $Z = X + Y$, den Erwartungswert $E(Z)$ und die Varianz $D^2(Z)$ von Z.

---

a) Mit den Ereignissen $K = \{1, 2, \ldots, 12\}$, $U = \{1, 3, 5, \ldots, 35\}$ und

$\Omega = \{0, 1, 2, \ldots, 36\}$ mit $|\Omega| = 37$ ergibt sich:

$$P(X = 2, Y = 1) = P(K \cap U) = P(\{1, 3, \ldots, 11\}) = \frac{6}{37}$$

$$P(X = 2, Y = -\frac{1}{2}) = P(K \cap \{0\}) = P(\emptyset) = 0$$

$$P(X = 2, Y = -1) = P(K \cap \overline{U})$$

$$= P(\{2, 4, \ldots, 12\}) = \frac{6}{37}$$

$$P(X = -1, Y = 1) = P(\overline{K} \cap U)$$

$$= P(\{13, 15, \ldots, 35\}) = \frac{12}{37}$$

$$P(X = -1, Y = -\frac{1}{2}) = P(\overline{K} \cap \{0\}) = P(\{0\}) = \frac{1}{37}$$

$$P(X = -1, Y = -1) = P(\overline{K} \cap \overline{U} \cap \overline{\{0\}})$$

$$= P(\{14, 16, \ldots, 36\}) = \frac{12}{37}$$

$P(X, Y)$	$Y = 1$	$Y = -\frac{1}{2}$	$Y = -1$	
$X = 2$	$\frac{6}{37}$	0	$\frac{6}{37}$	$P(X{=}2){=}\frac{12}{37}$
$X = -1$	$\frac{12}{37}$	$\frac{1}{37}$	$\frac{12}{37}$	$P(X{=}{-}1){=}\frac{25}{37}$
	$P(Y{=}1){=}\frac{18}{37}$	$P(Y{=}{-}\frac{1}{2}){=}\frac{1}{37}$	$P(Y{=}{-}1){=}\frac{18}{37}$	

Die einzelnen Randwahrscheinlichkeiten ergeben sich durch zeilen- oder spaltenweises Aufaddieren (siehe Tabelle).

b) Mit Teilaufgabe a) erhalten wir:

$$(X = 2, Y = 1) \Rightarrow X + Y = 3$$

$$(X = 2, Y = -\frac{1}{2}) \Rightarrow X + Y = \frac{3}{2}$$

$$(X = 2, Y = -1) \Rightarrow X + Y = 1$$

$$(X = -1, Y = 1) \;\Rightarrow\; X + Y = 0$$

$$(X = -1, Y = -\frac{1}{2}) \;\Rightarrow\; X + Y = -\frac{3}{2}$$

$$(X = -1, Y = -1) \;\Rightarrow\; X + Y = -2$$

Damit lautet die Verteilung der diskreten Zufallsvariablen $X + Y$:

Werte von $X + Y$	3	$\frac{3}{2}$	1	0	$-\frac{3}{2}$	-2
Wahrscheinlichkeiten	$\frac{6}{37}$	0	$\frac{6}{37}$	$\frac{12}{37}$	$\frac{1}{37}$	$\frac{12}{37}$

Erwartungswert und Varianz von Z:

$$E(Z) = 3 \cdot \frac{6}{37} + 1 \cdot \frac{6}{37} - \frac{3}{2} \cdot \frac{1}{37} - 2 \cdot \frac{12}{37}$$

$$= \frac{36 + 12 - 3 - 48}{74} = -\frac{3}{74} = E(X) + E(Y)$$

$$D^2(Z) = E(Z^2) - E(Z)^2$$

$$E(Z^2) = 9 \cdot \frac{6}{37} + 1 \cdot \frac{6}{37} + \frac{9}{4} \cdot \frac{1}{37} + 4 \cdot \frac{12}{37} \approx 2{,}9797$$

$$D^2(Z) \approx 2{,}9797 - 0{,}00164 = 2{,}9781$$

Aufgabe 7.2 [Bei95]

Die gemeinsame Dichte des Vektors (X, Y) sei

$$f(x, y) = e^{-(x+y)}; \quad x \geq 0 \quad , \quad y \geq 0.$$

a) Zu berechnen sind die Wahrscheinlichkeiten

1) $P(Y > X)$,

2) $P(|Y - X| \leq 1)$.

b) Sind die Zufallsvariablen X und Y unabhängig?

a) Nach der Methode von Kapitel 7.4:

$$Z = Y - X$$

$$\Rightarrow U_1 = Z = Y - X, \quad U_2 = Y$$

$$\Rightarrow X = Y - Z = U_2 - U_1, \quad Y = U_2$$

$$\mathfrak{J} = \begin{vmatrix} -1 & 1 \\ 0 & 1 \end{vmatrix} = -1 \Rightarrow |\mathfrak{J}| = 1$$

$$h(z,y) = f(y - z, y)$$

mit $y - z \geq 0$ und $y \geq 0$.

$$f_z(z) = \begin{cases} \int\limits_{z}^{\infty} f(y - z, y)\, dy & z \geq 0 \\[2ex] \int\limits_{0}^{\infty} f(y - z, y)\, dy & z \leq 0 \end{cases}$$

$$= \begin{cases} \int\limits_{z}^{\infty} e^{-2y + z}\, dy & z \geq 0 \\[2ex] \int\limits_{0}^{\infty} e^{-2y + z}\, dy & z \leq 0 \end{cases}$$

$$= \begin{cases} \left[-\tfrac{1}{2} e^{-2y + z} \right]_{z}^{\infty} & z \geq 0 \\[2ex] \left[-\tfrac{1}{2} e^{-2y + z} \right]_{0}^{\infty} & z \leq 0 \end{cases}$$

$$= \begin{cases} \tfrac{1}{2} e^{-z} & z \geq 0 \\[2ex] \tfrac{1}{2} e^{z} & z \leq 0 \end{cases}$$

$$1) \quad P(Z > 0) = \int\limits_{0}^{\infty} \frac{1}{2} e^{-z}\, dz = \frac{1}{2}$$

$$2)\ \ P(-1 < Z < 1) = \int\limits_{-1}^{0} \frac{1}{2}e^{z}\,dz + \int\limits_{0}^{1} \frac{1}{2}e^{-z}\,dz$$

$$= \left[\frac{1}{2}e^{z}\right]_{-1}^{0} + \left[-\frac{1}{2}e^{-z}\right]_{0}^{1}$$

$$= \frac{1}{2} - \frac{1}{2}e^{-1} + \left(-\frac{1}{2}e^{-1} + \frac{1}{2}\right)$$

$$= 1 - e^{-1}$$

b) Die Unabhängigkeit läßt sich durch die Berechnung der Randdichten nachprüfen.

$$f(x,y) = e^{-(x+y)}; \quad x \geq 0, \quad y \geq 0$$

$$f_X(x) = \int\limits_{-\infty}^{\infty} f(x,y)\,dy = \int\limits_{0}^{\infty} e^{-(x+y)}\,dy$$

$$= e^{-x}\left[-e^{-y}\right]_{0}^{\infty} = e^{-x}; \quad x \geq 0$$

Wegen der Symmetrie der gemeinsamen Dichte in x und y gilt insgesamt:

$$f_X(x) = e^{-x}; \quad x \geq 0$$
$$f_Y(y) = e^{-y}; \quad y \geq 0$$

Dadurch ergibt sich

$$f(x,y) = e^{-(x+y)} = e^{-x} \cdot e^{-y} = f_X(x) \cdot f_Y(y)$$

und die Unabhängigkeit der Zufallsvariablen.

Aufgabe 7.3 [Bey95]

In einer Abteilung einer Firma werden 2 Sorten von Widerständen gefertigt. Die Größe R_1 der Widerstände der ersten Sorte sei eine normalverteilte Zufallsgröße mit $\mu_1 = 600\,\Omega$ und $\sigma_1 = 8\,\Omega$ und die Größe R_2 der Widerstände der zweiten Sorte sei ebenfalls normalverteilt mit $\mu_2 = 200\,\Omega$ und $\sigma_2 = 6\,\Omega$. Die Zufallsgrößen R_1 und R_2 sind unabhängig. Eine Reihenschaltung bestehe aus zwei Widerständen unterschiedlicher Sorte.

a) Wie groß ist die Wahrscheinlichkeit dafür, daß der Gesamtwiderstand einer Reihenschaltung mindestens $780\,\Omega$ beträgt?

b) In welchen Grenzen $800 - c$ und $800 + c$ liegt mit einer Wahrscheinlichkeit von 0,99 der Gesamtwiderstand?

---

a) Der Gesamtwiderstand $R_G = R_1 + R_2$ ist nach Satz 7.7-1 $\mathcal{N}(\mu_G, \sigma_G^2)$-verteilt mit $\sigma_G^2 = \sigma_1^2 + \sigma_2^2 = 100\,\Omega^2 \Rightarrow \sigma_G = 10\,\Omega$ und $\mu_G = \mu_1 + \mu_2 = 800\,\Omega$.

Mit der Transformation $Y = \frac{R_G - 800\,\Omega}{10\,\Omega}$ bzw. $R_G = Y \cdot 10\,\Omega + 800\,\Omega$ (Y ist $\mathcal{N}(0,1)$-verteilt) ergibt sich:

$$P(\text{mindestens } 780\,\Omega) = P(R_G \geq 780\,\Omega) = P(Y \geq -2) =$$

$$= 1 - \Phi(-2) = 1 - (1 - \Phi(2)) = \Phi(2) \approx 0{,}97725$$

b) Mit $P(800\,\Omega - c < R_G \leq 800\,\Omega + c) =$

$$= \Phi\left(\frac{800\,\Omega + c - 800\,\Omega}{10\,\Omega}\right) - \Phi\left(\frac{800\,\Omega - c - 800\,\Omega}{10\,\Omega}\right)$$

$$= \Phi\left(\frac{c}{10\,\Omega}\right) - \Phi\left(-\frac{c}{10\,\Omega}\right) = \Phi\left(\frac{c}{10\,\Omega}\right) - \left(1 - \Phi\left(\frac{c}{10\,\Omega}\right)\right)$$

$$= -1 + 2 \cdot \Phi\left(\frac{c}{10\,\Omega}\right) = 0{,}99 \Rightarrow \Phi\left(\frac{c}{10\,\Omega}\right) = 0{,}995$$

$$\frac{c}{10\,\Omega} \approx 2{,}58 \Rightarrow c \approx 25{,}8\,\Omega.$$

Der Gesamtwiderstand liegt mit Wahrscheinlichkeit 0,99 zwischen $774,2\,\Omega$ und $825,8\,\Omega$.

Aufgabe 7.4

X sei $\mathcal{N}(0,1)$-verteilt. Berechnen Sie jeweils den Korrelationskoeffizienten $\rho(X,Y)$ für

a) $Y = X^2$,

b) $Y = aX + b$ mit $a,b \in \mathbb{R}$ und $a \neq 0$.

---

a)

$$E(X) = 0$$

$$E(Y) = E(X^2) = 1$$

$$\text{Wegen } D^2(X) = E(X^2) - E^2(X) = E(X^2) = 1$$

$$\Rightarrow \operatorname{cov}(X,Y) \overset{(7.3\text{-}4)}{=} E\{(X - E(X))(Y - E(Y))\}$$

$$= E\{(X - 0)(Y - 1)\} = E\{X(X^2 - 1)\}$$

$$= E\{(X^3 - X)\}$$

$$= E\{X^3\} - E\{X\} = E\{X^3\}$$

$$\overset{(6.8\text{-}5)}{=} 0$$

Damit gilt:

$$D^2(Y) = D^2(X^2) = E\{[X^2 - E(X^2)]^2\}$$

$$= E\{(X^2 - 1)^2\} = E\{X^4 - 2X^2 + 1\}$$

$$= E(X^4) - 1 \overset{(6.8\text{-}5)}{=} 3 - 1 = 2$$

$$D^2(X) = 1$$

$$\rho(X,Y) = \frac{\mathrm{cov}(X,Y)}{\sqrt{D^2(X)D^2(Y)}} = \frac{0}{\sqrt{1 \cdot 2}} = 0$$

b) $E(Y) = E(aX + b) = a\underbrace{E(X)}_{=0} + b = b$

$$D^2(aX + b) = a^2 \underbrace{D^2(X)}_{=1} = a^2$$

$$\rho(X,Y) = \frac{\mathrm{cov}(X,Y)}{\sqrt{D^2(X)D^2(Y)}} = \frac{E\{(X-0)(Y-b)\}}{\sqrt{1 \cdot a^2}}$$

$$= \frac{E\{X(aX)\}}{a} = \frac{aE\{X^2\}}{a} = 1$$

Aufgabe 7.5 [Bei95]

Die Zufallsvariablen X und Y haben die gemeinsame Dichte

$$f(x;y) = a \cdot \sin(x+y); \quad 0 \le x,y \le \frac{\pi}{2}.$$

Man bestimme:

a) die Konstante a,

b) die bedingten Verteilungen $f_X(x|y)$ und $f_Y(y|x)$,

c) den Erwartungswert $E(X)$ von X und den bedingten Erwartungswert
$E(X|Y = y)$ für $y = 0$ und $y = \frac{\pi}{2}$.

---

a) Da für eindimensionale Zufallsvariablen $\int\limits_{-\infty}^{\infty} f_X(x)dx = 1$ gilt, bedeu-

tet dies für zweidimensionale Zufallsvariablen $\int\limits_{-\infty}^{\infty} \int\limits_{-\infty}^{\infty} f(x;y)dxdy = 1$.

$$\int\limits_{0}^{\pi/2}\left[\int\limits_{0}^{\pi/2} a\cdot\sin\left(x+y\right)dx\right]dy = a\int\limits_{0}^{\pi/2}\left[-\cos\left(x+y\right)\right]_{x=0}^{x=\frac{\pi}{2}}dy$$

$$= \int\limits_{0}^{\pi/2}\left[-\cos\left(\frac{\pi}{2}+y\right)+\cos\left(y\right)\right]dy$$

$$= a\cdot\left[-\sin\left(\frac{\pi}{2}+y\right)+\sin\left(y\right)\right]_{y=0}^{y=\frac{\pi}{2}}$$

$$= a\cdot\left[-\sin\left(\pi\right)+\sin\left(\frac{\pi}{2}\right)+\sin\left(\frac{\pi}{2}\right)-\sin\left(0\right)\right]$$

$$= 2a\overset{!}{=}1 \qquad \Rightarrow a = \frac{1}{2}$$

b) Mit (7.2-3) bzw. (7.2-4) gilt:

$$f_X(x|y) = f_X(x|Y=y) = \frac{f(x;y)}{f_Y(y)}$$

Randdichte:

$$f_Y(y) = \int\limits_{0}^{\frac{\pi}{2}} f(x;y)\,dx = \int\limits_{0}^{\frac{\pi}{2}} \frac{1}{2}\sin\left(x+y\right)dx$$

$$= \frac{1}{2}[-\cos\left(x+y\right)]_{x=0}^{x=\frac{\pi}{2}} = \frac{1}{2}\left[-\cos\left(\frac{\pi}{2}+y\right)+\cos\left(y\right)\right]$$

$$= \frac{1}{2}\left[\sin\left(y\right)+\cos\left(y\right)\right] \quad 0 \le y \le \frac{\pi}{2}$$

$$f_X(x|y) = f_X(x|Y=y) = \frac{\sin\left(x+y\right)}{\cos\left(y\right)+\sin\left(y\right)} \quad 0 \le x,y \le \frac{\pi}{2}$$

Entsprechend ergibt sich:

$$f_X(x) = \frac{1}{2}\left[\sin\left(x\right)+\cos\left(x\right)\right] \quad 0 \le x \le \frac{\pi}{2}$$

$$f_Y(y|x) = f_Y(y|X=x) = \frac{\sin\left(x+y\right)}{\cos\left(x\right)+\sin\left(x\right)} \quad 0 \le x,y \le \frac{\pi}{2}$$

c) Mit (5.1-1) gilt:

$$E(X) = \int_{-\infty}^{\infty} x f(x)\, dx = \frac{1}{2} \int_{0}^{\frac{\pi}{2}} [x \sin x + x \cos x]\, dx$$

$$= \frac{1}{2} \left(\int_{0}^{\frac{\pi}{2}} x \sin x\, dx + \int_{0}^{\frac{\pi}{2}} x \cos x\, dx \right)$$

$$[\text{BS70}]: = \frac{1}{2} \left([\sin x - x \cos x]_0^{\frac{\pi}{2}} + [\cos x + x \sin x]_0^{\frac{\pi}{2}} \right)$$

$$= \frac{1}{2} \left(1 + \frac{\pi}{2} - 1 \right) = \frac{\pi}{4}$$

Der bedingte Erwartungswert von X unter der Bedingung $Y = y$ ergibt sich aus (7.2-8):

$$E(X|Y = y) = \int_{0}^{\frac{\pi}{2}} x \cdot f_X(x|y)\, dx$$

$$= \frac{1}{\sin(y) + \cos(y)} \int_{0}^{\frac{\pi}{2}} x \cdot \sin(x + y)\, dx$$

$$= \frac{1}{\sin(y) + \cos(y)} \left([-x \cos(x + y)]_{x=0}^{x=\frac{\pi}{2}} + \int_{0}^{\frac{\pi}{2}} \cos(x + y)\, dx \right)$$

$$= \frac{1}{\sin(y) + \cos(y)} \left(\frac{\pi}{2} \sin(y) + [\sin(x + y)]_{x=0}^{x=\frac{\pi}{2}} \right)$$

$$= \frac{1}{\sin(y) + \cos(y)} \left(\frac{\pi}{2} \sin(y) + \cos(y) - \sin(y) \right)$$

$$= 1 - \left(2 - \frac{\pi}{2} \right) \frac{\sin(y)}{\sin(y) + \cos(y)}$$

Speziell für $E(X|Y = 0) = 1$ und $E(X|Y = \frac{\pi}{2}) = \frac{\pi}{2} - 1 \approx 0{,}5708$.

Aufgabe 7.6

Es seien zwei stochastisch unabhängige poissonverteilte Zufallsvariablen X und Y mit den Parametern λ_1 bzw. λ_2 gegeben. Man zeige, daß die Summe $Z = X + Y$ ebenfalls poissonverteilt ist mit dem Parameter $\lambda = \lambda_1 + \lambda_2$.

---

1. Lösung:

Mit X und Y besitzt auch $Z = X + Y$ den Wertevorrat $W = \{0, 1, 2, \ldots\}$. Aus

$$P(X = i) = \frac{\lambda_1^i}{i!} e^{-\lambda_1}, \quad P(Y = l) = \frac{\lambda_2^l}{l!} e^{-\lambda_2}$$

und der stochastischen Unabhängigkeit von X und Y folgt für $k \in W$:

$$P(Z = k) = \sum_{i+l=k} P(X = i, Y = l)$$

$$= \sum_{i+l=k} P(X = i)P(Y = l)$$

mit $l = k - i$

$$= \sum_{i=0}^{k} P(X = i)P(Y = k - i)$$

$$= \sum_{i=0}^{k} \frac{\lambda_1^i}{i!} e^{-\lambda_1} \cdot \frac{\lambda_2^{k-i}}{(k - i)!} e^{-\lambda_2}$$

$$= e^{-(\lambda_1+\lambda_2)} \sum_{i=0}^{k} \frac{\lambda_1^i \lambda_2^{k-i}}{i!(k - i)!} \qquad (*)$$

Die Binomialentwicklung von $(\lambda_1 + \lambda_2)^k$ ergibt:

$$(\lambda_1 + \lambda_2)^k = \sum_{i=0}^{k} \binom{k}{i} \lambda_1^i \lambda_2^{k-i} = \sum_{i=0}^{k} \frac{k!}{i!(k - i)!} \lambda_1^i \lambda_2^{k-i}$$

Hiermit folgt aus (∗) die Behauptung:

$$P(Z = X + Y = k) = \frac{(\lambda_1 + \lambda_2)^k}{k!} e^{-(\lambda_1 + \lambda_2)}$$

2. Lösung:

Mit den charakteristischen Funktionen

$$\varphi_X(s) = \exp\left\{\lambda_1(e^{js} - 1)\right\}$$

und

$$\varphi_Y(s) = \exp\left\{\lambda_2(e^{js} - 1)\right\}$$

und dem Satz 7.4-2 ergibt sich:

$$\begin{aligned}
\varphi_Z(s) &= \varphi_X(s) \cdot \varphi_Y(s) \\
&= \exp\left\{\lambda_1(e^{js} - 1)\right\} \cdot \exp\left\{\lambda_2(e^{js} - 1)\right\} \\
&= \exp\left\{\lambda_1(e^{js} - 1) + \lambda_2(e^{js} - 1)\right\} \\
&= \exp\left\{(\lambda_1 + \lambda_2)\left(e^{js} - 1\right)\right\}
\end{aligned}$$

Aufgabe 7.7

Gegeben sei die komplexwertige Zufallsvariable $Z = X + jY$, wobei X und Y $\mathcal{N}(0,\sigma^2)$-verteilt und unabhängig sind.

a) Man berechne die Varianz $D^2(Z)$ von Z.

b) Man berechne die Dichte des Betrages $|Z|$.
   Welche Verteilung ergibt sich?

c) Man berechne die Dichte der Phase $\Phi = \arctan \frac{Y}{X}$ von Z.
   Welche Verteilung ergibt sich?

a) Mit Gleichung (7.5-2):

$$D^2\{Z\} = D^2(X) + D^2(Y)$$
$$= 2\sigma^2$$

b)
$$f(x,y) = f_X(x) \cdot f_Y(y), \quad \text{da } X, Y \text{ unabhängig,}$$
$$= \frac{1}{2\pi\sigma^2} \exp\left\{-\frac{x^2 + y^2}{2\sigma^2}\right\}$$

Mit Kapitel 7.4:

$$R = \sqrt{X^2 + Y^2} = |Z| \qquad \Phi = \arctan\frac{Y}{X}$$

$$X = R\cos\Phi \qquad\qquad Y = R\sin\Phi$$

$$\mathfrak{J} = \begin{vmatrix} \cos\varphi & -r\sin\varphi \\ \sin\varphi & r\cos\varphi \end{vmatrix} = r\cos^2\varphi + r\sin^2\varphi = r$$

$$f(r,\varphi) = f(x,y) \cdot r = \frac{r}{2\pi\sigma^2} \exp\left\{-\frac{x^2 + y^2}{2\sigma^2}\right\}$$
$$= \frac{r}{2\pi\sigma^2} \exp\left\{-\frac{r^2}{2\sigma^2}\right\}, \quad r \geq 0,\, 0 \leq \varphi < 2\pi$$

$$f(r) = \int\limits_0^{2\pi} f(r,\varphi)\, d\varphi = \int\limits_0^{2\pi} \frac{r}{2\pi\sigma^2} \cdot \exp\left\{-\frac{r^2}{2\sigma^2}\right\} d\varphi$$

$$= \frac{r}{2\pi\sigma^2} \cdot \exp\left\{-\frac{r^2}{2\sigma^2}\right\} [\varphi]_0^{2\pi}$$

$$= \frac{r}{\sigma^2} \cdot \exp\left\{-\frac{r^2}{2\sigma^2}\right\}, \quad r \geq 0$$

$\Rightarrow$ Rayleighverteilung

c)
$$f(\varphi) = \int\limits_0^\infty f(r,\varphi)\, dr$$

$$= \int\limits_0^\infty \frac{r}{2\pi\sigma^2} \cdot \exp\left\{-\frac{r^2}{2\sigma^2}\right\}\, dr$$

$$[\text{BS70}]: = \frac{1}{2\pi\sigma^2} \cdot \frac{1}{2\frac{1}{2\sigma^2}}$$

$$= \frac{1}{2\pi} \quad \text{für } 0 \le \varphi < 2\pi$$

$\Rightarrow$ Gleichverteilung im Intervall $[0, 2\pi)$.

Aufgabe 7.8

Bei einem bestimmten Versuch trete ein Ereignis E mit der Wahrscheinlichkeit $p = 0{,}4$ ein. Es bezeichne $H_N(E)$ die relative Häufigkeit des Eintretens von E bei N unabhängigen Wiederholungen des Ausgangsversuchs. Man berechne approximativ die Wahrscheinlichkeit

$$P(p - 0{,}05 < H_N(E) < p + 0{,}05)$$

für $N = 100$ und $N = 1000$.

$S_N = N H_N(E)$ ist exakt binomialverteilt mit $E(S_N) = Np$ und $D^2(S_N) = Np(1-p)$. Nach dem Satz 7.8-5 kann S_N mittels der Normalverteilung approximiert werden.

$(S_N - E(S_N))/D(S_N)$ ist approximativ $\mathcal{N}(0,1)$-verteilt.

Für $N = 100$ und $p = 0,4$ ist $E(S_N) = 40$ und $D(S_N) = \sqrt{24}$:

$$P(N(p - 0,05) < N\ H_{100}(E) < N(p + 0,05)) =$$

$$= P(35 < S_{100} < 45)$$

$$= P(S_{100} \leq 44) - P(S_{100} \leq 35)$$

$$= P(S_{100} - E(S_{100}) \leq 4) - P(S_{100} - E(S_{100}) \leq -5)$$

$$= P\left(\frac{S_{100} - E(S_{100})}{D(S_{100})} \leq \frac{4}{\sqrt{24}}\right) - P\left(\frac{S_{100} - E(S_{100})}{D(S_{100})} \leq -\frac{5}{\sqrt{24}}\right)$$

$$\approx \Phi(0,8165) - \Phi(-1,0206)$$

$$= \Phi(0,8165) - (1 - \Phi(1,0206))$$

$$\approx 0,793892 - 1 + 0,846136 \approx 0,64$$

Für $N = 1000$ ist $E(S_{1000}) = 400$ und $D(S_{1000}) = \sqrt{240}$:

$$P(1000 \cdot 0,35 < N\ H_{1000}(E) < 1000 \cdot 0,45)$$

$$= P(350 < S_{1000} < 450)$$

$$= P(S_{1000} \leq 449) - P(S_{1000} \leq 350)$$

$$= P(S_{1000} - E(S_{1000}) \leq 49) - P(S_{1000} - E(S_{1000}) \leq -50)$$

$$= P\left(\frac{S_{1000} - E(S_{1000})}{D(S_{1000})} \leq \frac{49}{\sqrt{240}}\right)$$

$$- P\left(\frac{S_{1000} - E(S_{1000})}{D(S_{1000})} \leq \frac{-50}{\sqrt{240}}\right)$$

$$\approx \Phi(3,1629) - \Phi(-3,2275)$$

$$= \Phi(3,1629) - (1 - \Phi(3,2275))$$

$$\approx 0,999184 - 1 + 0,999313 = 0,9985$$

Aus den beiden Ergebnissen wird plausibel, daß

$$\lim_{N \to \infty} P(p - \epsilon < H_N(E) < p + \epsilon) = 1$$

für jede beliebige (kleine) positive Zahl ϵ gilt.

In Worten: Die relative Häufigkeit $H_N(E)$ konvergiert für $N \to \infty$ in Wahrscheinlichkeit gegen die Wahrscheinlichkeit $P(E) = p$ des Ereignisses E. Dies ist das Bernoullische Gesetz der großen Zahlen (Satz 7.8-2).

Aufgabe 7.9

Für das Funktionieren einer bestimmten Maschine ist es erforderlich, daß ein bestimmtes auswechselbares Teil intakt ist. Über die Lebensdauer X eines solchen Teils ist bekannt, daß sie ausreichend genau normalverteilt ist mit $\mu = 106$ [Stunden] und $\sigma = 10$ [Stunden]. An jedem Arbeitstag laufen gleichzeitig 10 dieser Maschinen während 16 Stunden. Die Zeit für das Auswechseln der besagten Teile soll im folgenden außer Betracht gelassen und die Lebensdauern der einzelnen Teile als unabhängig angenommen werden.

a) Es bezeichne Y die Summe der Lebensdauern eines Vorrates von 150 dieser Teile. Man berechne $E(Y)$ und $D(Y)$ von Y.

b) Man berechne die Wahrscheinlichkeit dafür, daß der Vorrat von 150 Teilen für einen Zeitraum von 100 Arbeitstagen ausreicht.
   Ist die Berechnung auch dann möglich (wenigstens näherungsweise), wenn die Lebensdauer X eines Teiles nicht ausreichend genau normalverteilt ist?

---

a) Mit Satz 7.7-1 (Teile fallen unabhängig voneinander aus) folgt:

$$E(Y) = \sum_{n=1}^{150} \mu = 150\,\mu = 15900\,[\text{Stunden}],$$

$$D^2(Y) = \sum_{n=1}^{150} D^2(X) = 150 \cdot 100\,[\text{Stunden}^2],$$

$$D(Y) = 122{,}47\,[\text{Stunden}]$$

b) Die für 100 Arbeitstage erforderliche Maschinenzeit beträgt $10 \cdot 16 \cdot 100 = 16000$ Stunden. Die gesuchte Wahrscheinlichkeit ist also:

$$P(Y > 16000) = 1 - P(Y \leq 16000)$$

$$= 1 - \Phi\left(\frac{16000 - 15900}{122{,}47}\right)$$

$$= 1 - \Phi(0{,}8165) \approx 1 - 0{,}793892$$

$$\approx 0{,}206$$

Da die einzelnen Lebensdauern als unabhängig angenommen werden können, ist Y als Summe einer großen Anzahl von unabhängigen identisch verteilten zufälligen Variablen nach dem zentralen Grenzwertsatz auch dann näherungsweise normalverteilt, wenn dies für die einzelnen Lebensdauern nicht gilt.

Aufgabe 7.10

X_i sei das Ergebnis der i-ten Messung ($i = 1, 2, \cdots$) einer physikalischen Kenngröße. Die X_i seien Zufallsvariablen mit der Standardabweichung σ.

a) Wieviele voneinander unabhängige Messungen der Kenngröße müssen durchgeführt werden, damit das arithmetische Mittel der Meßergebnisse mit einer Wahrscheinlichkeit von mindestens 0,9 dem Betrage nach um weniger als $\epsilon = \frac{\sigma}{5}$ vom Erwartungswert der Kenngröße abweicht?

b) Wie lautet das Ergebnis, wenn bekannt ist, daß die X_i normalverteilt sind?

----

a) Das arithmetische Mittel ist

$$\overline{X} = \frac{1}{n} \sum_{i=1}^{n} X_i$$

$$\Rightarrow D^2(\overline{X}) = \frac{1}{n^2} \sum_{i=1}^{n} D^2(X_i) = \frac{n\sigma^2}{n^2} = \frac{\sigma^2}{n}$$

Tschebyscheffsche Ungleichung (7.8-4) mit $\overline{X}$ und Erwartungswert

$$E\left(\overline{X}\right) = E\left(\frac{1}{n}\sum_{i=1}^{n} X_i\right) = E(X_i) = \mu$$

$$P(|\overline{X} - \mu| \geq \epsilon) \leq \frac{\sigma^2}{n\epsilon^2}$$

$$1 - P(|\overline{X} - \mu| < \epsilon) \leq \frac{\sigma^2}{n\epsilon^2}$$

$$\Rightarrow P(|\overline{X} - \mu| < \epsilon) \geq 1 - \frac{\sigma^2}{n\epsilon^2} \geq 0{,}9$$

Es muß gelten:

$$-\frac{\sigma^2}{n(\sigma/5)^2} \geq -0{,}1$$

$$\frac{25}{n} \leq 0{,}1 \;\Rightarrow\; n \geq 250$$

b) Wenn bekannt ist, daß die X_i identisch normalverteilt sind, ist $\sqrt{n}(\overline{X} - \mu)/\sigma$ standardnormalverteilt, so daß gilt

$$P\left(|\overline{X} - \mu| < \frac{\sigma}{5}\right) = P\left(-\frac{\sigma}{5} < \overline{X} - \mu < \frac{\sigma}{5}\right)$$

$$= \Phi\left(\frac{\sigma/5}{\sigma/\sqrt{n}}\right) - \Phi\left(-\frac{\sigma/5}{\sigma/\sqrt{n}}\right)$$

$$= \Phi\left(\frac{\sqrt{n}}{5}\right) - \Phi\left(-\frac{\sqrt{n}}{5}\right) = 2\Phi\left(\frac{\sqrt{n}}{5}\right) - 1.$$

Die Bedingung

$$P\left(|\overline{X} - \mu| < \frac{\sigma}{5}\right) = 2\Phi\left(\frac{\sqrt{n}}{5}\right) - 1 \geq 0{,}9$$

ist äquivalent zu

$$\Phi\left(\frac{\sqrt{n}}{5}\right) \geq 0{,}95$$

$$\frac{\sqrt{n}}{5} \geq 1{,}64$$

$$\Rightarrow\; n \geq 68.$$

Die Zusatzinformation „normalverteilter Meßfehler" reduziert also die Anzahl der zur Gewährleistung einer vorgegebenen Genauigkeit mit vorgegebener Sicherheitswahrscheinlichkeit nötigen Messungen beträchtlich.

Aufgabe 7.11

Gegeben sind zwei im Intervall $[0,1)$ gleichverteilte, unabhängige Zufallszahlen U_1, U_2. Aus diesen Zufallszahlen sollen zwei unabhängige $\mathcal{N}(0,\sigma^2)$-verteilte Zufallszahlen X und Y erzeugt werden. Man gebe die Transformationsfunktionen $X = g_1(U_1, U_2)$ und $Y = g_2(U_1, U_2)$ an.

Tip: Man erzeuge zuerst Betrag $|Z|$ und Phase Φ von Z aus Aufgabe 7.7.

Aus Aufgabe 7.7 ist bekannt, daß $R = \sqrt{X^2 + Y^2} = |Z|$ rayleigh-verteilt ist. Aus Aufgabe 5.3 ist die Verteilungsfunktion von R bekannt:

$$F_R(r) = \begin{cases} 1 - \exp\left\{-\frac{r^2}{2\sigma^2}\right\} & \text{für } r \geq 0 \\ 0 & \text{sonst} \end{cases}$$

Die Phase Φ ist gleichverteilt im Intervall $[0, 2\pi)$ und hat somit die Verteilungsfunktion

$$F_\Phi(\varphi) = \begin{cases} 0 & \text{für } \varphi < 0 \\ \frac{\varphi}{2\pi} & \text{für } 0 \leq \varphi < 2\pi \\ 1 & \text{für } \varphi \geq 2\pi \end{cases} \cdot$$

R und Φ können mit Hilfe der gleichverteilten Zufallsvariablen U_1, U_2 folgendermaßen dargestellt werden (Satz 7.6-2):

$$R = F_R^{-1}(U_1) = \sqrt{-2\sigma^2 \ln(1 - U_1)}$$

und

$$\Phi = F_\Phi^{-1}(U_2) = 2\pi \cdot U_2$$

mit

$$X = R\cos\Phi \qquad Y = R\sin\Phi$$

ergibt sich

$$X = \sqrt{-2\sigma^2 \ln(1 - U_1)} \cdot \cos(2\pi U_2)$$
$$Y = \sqrt{-2\sigma^2 \ln(1 - U_1)} \cdot \sin(2\pi U_2).$$

8 Grundlagen stochastischer Prozesse

Aufgaben der Regelungs- und Nachrichtentechnik erfordern im allgemeinen Lösungen, die nicht nur für einzelne Signale, sondern für eine große Anzahl möglicher Signale mit gewissen gemeinsamen Eigenschaften gelten. Ein mathematisches Modell für eine solche Schar von Signalen ist ein stochastischer Prozeß.

8.1 Definition stochastischer Prozesse

Definition 8.1-1

Ein **stochastischer Prozeß** $X(t, \xi)$ *ist eine mit dem Parameter t indizierte Familie von Zufallsvariablen.*

Bemerkungen:

(i) t wird im allgemeinen als Zeit interpretiert, d.h. t ist ein kontinuierlicher Parameter.

(ii) Zu jedem (festen) Zeitpunkt t_0 ist $X_{t_0}(\xi) = X(t_0, \xi)$ eine Zufallsvariable.

(iii) Wird der Zufallsparameter ξ in $X(t, \xi)$ festgehalten, ergibt sich eine Zeitfunktion $X(t, \xi_0)$, die als **Realisierung** oder **Pfad** des Prozesses bezeichnet wird. Im allgemeinen ist die Anzahl aller möglichen Pfade (überabzählbar) unendlich groß. Bild 8.1-1 zeigt drei Pfade eines stochastischen Prozesses.

(iv) Statt $X(t, \xi)$ schreiben wir im folgenden $X(t)$, bedenken dabei jedoch immer, daß es sich um einen stochastischen Prozeß handelt.

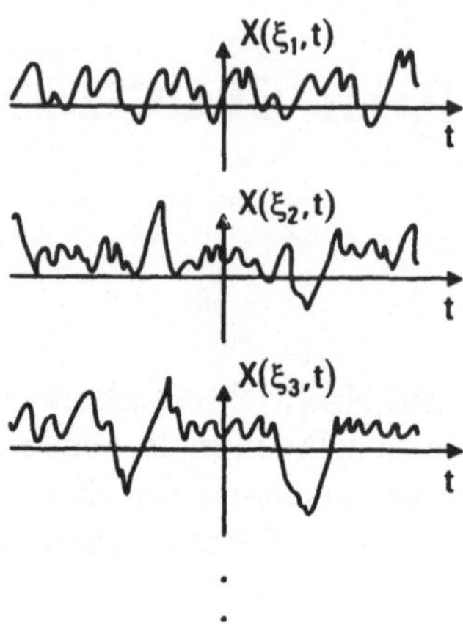

Bild 8.1-1: Realisierungen eines stochastischen Prozesses

Da ein stochastischer Prozeß als Gesamtheit seiner Realisierungen definiert ist, kann man ihn z.B. bezüglich jeder Menge von Zeitpunkten $t_1 < t_2 < \cdots < t_N$ betrachten, wobei $N \in \mathbb{N}$ ist. Die Zufallsvariablen $X(t_n)$ mit $n = 1, 2, \ldots, N$ sind stochastisch durch ihre gemeinsame (N-dimensionale) Dichte $f(x_{t_1}, x_{t_2}, \ldots, x_{t_N})$ (vergleiche Definition 7.1-3) charakterisiert.

Betrachtet man nun eine andere Menge von N Zufallsvariablen $X(t_n + h)$, wobei h eine Zeitverschiebung bedeutet, wird im allgemeinen

$$f(x_{t_1+h}, x_{t_2+h}, \ldots, x_{t_N+h}) \neq f(x_{t_1}, x_{t_2}, \ldots, x_{t_N})$$

gelten. Für den Spezialfall, daß hier das Gleichheitszeichen gilt, treffen wir die

Definition 8.1-2

Falls

$$f(x_{t_1+h}, x_{t_2+h}, \ldots, x_{t_N+h}) = f(x_{t_1}, x_{t_2}, \ldots, x_{t_N}) \qquad (8.1\text{-}2)$$

für jedes h und jedes N gilt, ist $X(t)$ ein **stark stationärer Prozeß**.

Bemerkung:

Sämtliche Dichten eines stark stationären Prozesses sind gegenüber beliebigen Verschiebungen der Zeitachse invariant.

8.2 Scharmittelwerte

Genauso wie Momente für Zufallsvariablen definiert werden (Definition 5.1-2), werden auch Momente stochastischer Prozesse erklärt. Weil die **Erwartungswertbildung über alle Realisierungen** erfolgt, handelt es sich dabei um **vom Zeitpunkt t_n abhängige Scharmittelwerte**.

Definition 8.2-1

$$E\{X^k(t_n)\} = \int\limits_{-\infty}^{\infty} x_{t_n}^k f(x_{t_n})\, dx_{t_n} \tag{8.2-1}$$

heißt k-tes Moment der Zufallsvariablen $X(t_n)$.

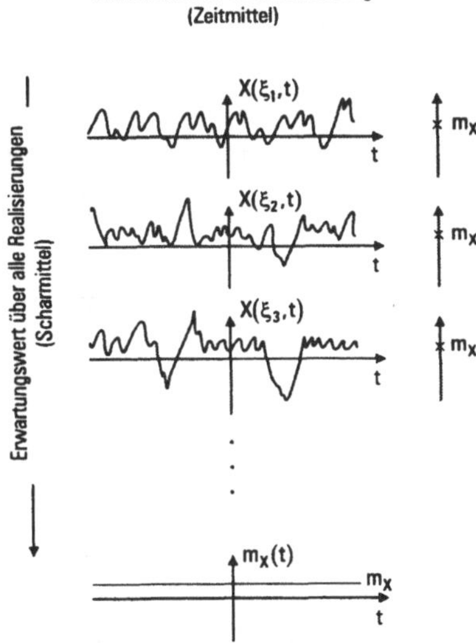

Bild 8.2-1: Bildung von Scharmittelwert und Zeitmittelwert (ergodischer Prozeß, siehe Definition 8.4-1)

Bemerkung:

Im allgemeinen hängt also das k-te Moment (8.2-1) vom Zeitpunkt t_n ab. Ist der zugrundeliegende Prozeß jedoch stark stationär, gilt also $f(x_{t_n}) = f(x_{t_n+h})$ $\forall h$ und $\forall t_n$, sind die Momente nicht zeitabhängig.

Bild 8.2-1 skizziert die Mittelungsrichtungen in einem stochastischen Prozeß, auf die Mittelung in Zeitrichtung wird in Abschnitt 8.4 eingegangen.

Definition 8.2-2

$$\varphi_{XX}(t_1, t_2) = E\{X(t_1)X(t_2)\} \tag{8.2-2}$$

$$= \int\limits_{-\infty}^{\infty} \int\limits_{-\infty}^{\infty} x_{t_1} x_{t_2} f(x_{t_1}, x_{t_2})\, dx_{t_1}\, dx_{t_2}$$

heißt **Autokorrelationsfunktion** *des stochastischen Prozesses* $X(t)$.

Ist $X(t)$ stark stationär, gilt $f(x_{t_1}, x_{t_2}) = f(x_{t_1+h}, x_{t_2+h})$ $\forall t_1, t_2, h$. Das zieht nach sich, daß die Autokorrelationsfunktion nicht von t_1 **und** t_2 sondern nur von der Differenz $\tau = t_2 - t_1$ abhängt. Für stark stationäre Prozesse gilt also

$$\varphi_{XX}(t_1, t_2) = \varphi_{XX}(t_2 - t_1) = \varphi_{XX}(\tau).$$

Ferner folgt dann

$$\varphi_{XX}(-\tau) = E\{X(t_1)X(t_1 - \tau)\} = \qquad (t_1' := t_1 - \tau)$$

$$= E\{X(t_1' + \tau)X(t_1')\} = E\{X(t_1')X(t_1' + \tau)\} = \varphi_{XX}(\tau)$$

d.h. $\varphi_{XX}(\tau)$ ist eine gerade Funktion.

Definition 8.2-3

Ein stochastischer Prozeß, dessen Erwartungswert (1. Moment) konstant ist und für dessen Autokorrelationsfunktion

$$\varphi_{XX}(t_1, t_2) = \varphi_{XX}(t_2 - t_1) = \varphi_{XX}(\tau) \tag{8.2-3}$$

gilt, heißt **(schwach) stationär.**

$\varphi_{XX}(0) = E\{X^2(t)\}$ ist die **mittlere Leistung** des stationären stochastischen Prozesses $X(t)$.

Bemerkung:

Jeder stark stationäre Prozeß ist auch schwach stationär. Die Umkehrung dieser Aussage gilt nicht: Schwache Stationarität bezieht sich nur auf die ersten beiden Momente, während sich die starke Stationarität auf **sämtliche** Dichten eines stochastischen Prozesses bezieht. Statt von **schwacher Stationarität** sprechen wir im folgenden kurz von **Stationarität**.

Mit der Autokorrelationsfunktion eng verwandt ist die Autokovarianzfunktion:

Definition 8.2-4

$$c_{XX}(t_1, t_2) = E\{(X(t_1) - \mu(t_1))(X(t_2) - \mu(t_2))\}$$
$$= \varphi_{XX}(t_1, t_2) - \mu(t_1)\mu(t_2), \qquad (8.2\text{-}4)$$

mit $\mu(t_n) = E\{X(t_n)\}$; $n = 1, 2$; *heißt* **Autokovarianzfunktion** *des stochastischen Prozesses* $X(t)$.

Bemerkung:

Für stationäre Prozesse vereinfacht sich die Autokovarianzfunktion von $X(t)$ zu

$$c_{XX}(t_1, t_2) = c_{XX}(t_2 - t_1) = c_{XX}(\tau) = \varphi_{XX}(\tau) - \mu^2.$$

Definition 8.2-5

Der stochastische Prozeß $X(t)$ *heißt* **normal** *(oder* **Gaußprozeß***), wenn für jedes* N *und beliebige Zeitpunkte* $t_1, t_2, \ldots, t_N$ *der Zufallsvektor* $[X(t_1), X(t_2), \ldots, X(t_N)]^T$ *eine* $N-$*dimensionale Normalverteilung besitzt.*

Bemerkung:

Ist der normale Prozeß zusätzlich stationär, gilt $\vec{\mu}_N(t) = \vec{\mu}_N \; \forall\, t$ und die Elemente der Kovarianzmatrix $\overline{\Sigma}_N$ hängen nur von den Zeitdifferenzen $t_i - t_j$ ab. Aus Gleichung (7.3-7) und (7.3-9) folgt, daß ein Gaußprozeß durch Vorgabe von Mittelwertvektoren $\vec{\mu}_N$ und Kovarianzmatrizen $\overline{\Sigma}_N$ vollständig bestimmt ist. Daraus folgt, daß ein (schwach) stationärer Gaußprozeß stark stationär ist. Da die umgekehrte Aussage grundsätzlich gilt, sind für **normale Prozesse starke und schwache Stationarität äquivalent.**

Sind $X(t)$ und $Y(t)$ zwei stationäre Prozesse, stellen die Größen $X(t_n)$; $n = 1, 2, \ldots, N$; und $Y(t'_m)$; $m = 1, 2, \ldots, M$; für die Zeitpunkte $t_1 < t_2 < \cdots < t_N$ und $t'_1 < t'_2 < \cdots < t'_M$ Zufallsvariablen dar. Beide Prozesse zusammen werden durch ihre gemeinsamen Dichten

$$f_{XY}(x_{t_1}, x_{t_2}, \ldots, x_{t_N}; y_{t'_1}, y_{t'_2}, \ldots, y_{t'_M})$$

charakterisiert. Dabei sind $N, M \in \mathbb{N}$ beliebig und $t_1, t_2, \ldots, t_N$ sowie $t'_1, t'_2, \ldots, t'_M$ beliebige Zeitpunkte.

Definition 8.2-6

$$\varphi_{XY}(t_1, t_2) = E\{X(t_1)Y(t_2)\} \qquad (8.2\text{-}5)$$

$$= \int\limits_{-\infty}^{\infty} \int\limits_{-\infty}^{\infty} x_{t_1} y_{t_2} f_{XY}(x_{t_1}, y_{t_2})\, dx_{t_1}\, dy_{t_2}$$

heißt **Kreuzkorrelationsfunktion** *von $X(t)$ und $Y(t)$,*

$$c_{XY}(t_1, t_2) = \varphi_{XY}(t_1, t_2) - \mu_X(t_1)\mu_Y(t_2) \qquad (8.2\text{-}6)$$

ist die **Kreuzkovarianzfunktion** *der beiden Prozesse.*

Die stationären Prozesse $X(t)$ und $Y(t)$ heißen **gemeinsam stationär**, wenn sowohl $X(t)$ als auch $Y(t)$ stationär ist und ihre Kreuzkorrelationsfunktion nur von der Zeitdifferenz $\tau = t_2 - t_1$ abhängt [Pap91]:

$$\varphi_{XY}(t_1, t_2) = \varphi_{XY}(\tau), \qquad c_{XY}(t_1, t_2) = c_{XY}(\tau)$$

In diesem Fall folgt:

$$\varphi_{XY}(-\tau) = E\{X(t_1)Y(t_1 - \tau)\} = \qquad (t'_1 = t_1 - \tau)$$

$$= E\{X(t'_1 + \tau)Y(t'_1)\} = E\{Y(t'_1)X(t'_1 + \tau)\} = \varphi_{YX}(\tau) \quad (8.2\text{-}7)$$

Definition 8.2-7

Die Prozesse $X(t)$ und $Y(t)$ heißen stochastisch unabhängig, wenn

$$f_{XY}(x_{t_1}, x_{t_2}, \ldots, x_{t_N}; y_{t'_1}, y_{t'_2}, \ldots, y_{t'_M}) =$$

$$= f_X(x_{t_1}, x_{t_2}, \ldots, x_{t_N}) \cdot f_Y(y_{t'_1}, y_{t'_2}, \ldots, y_{t'_M}) \quad (8.2\text{-}8)$$

für beliebige t_n, t'_m und alle $N, M \in \mathbb{N}$ gilt.

Die Prozesse sind **unkorreliert**, *wenn* $\forall t_1, t_2$

$$\varphi_{XY}(t_1, t_2) = E\{X(t_1)\} \cdot E\{Y(t_2)\} \tag{8.2-9}$$

gilt.

Ist $\forall t_1, t_2$

$$\varphi_{XY}(t_1, t_2) = E\{X(t_1)Y(t_2)\} = 0, \tag{8.2-10}$$

heißen $X(t)$ *und* $Y(t)$ **orthogonal.**

Bemerkung:

Für unkorrelierte Prozesse verschwindet die Kreuzkovarianzfunktion identisch, das heißt es gilt $c_{XY}(t_1, t_2) = 0 \; \forall \; t_1, t_2$.

8.3 Komplexwertige stochastische Prozesse

Definition 8.3-1

$$Z(t) = X(t) + jY(t) \tag{8.3-1}$$

ist ein **komplexwertiger** *(kurz: komplexer)* **stochastischer Prozeß,** *wenn sowohl* $X(t)$ *als auch* $Y(t)$ *reellwertige Zufallsprozesse sind.*

Die gemeinsamen Dichten der Zufallsvariablen $Z(t_n)$; $n = 1, 2, \ldots, N$; sind durch die gemeinsamen Dichten der Komponentenprozesse von $(X(t), Y(t))^T$

$$f_{XY}(x_{t_1}, \ldots, x_{t_N}; y_{t_1}, \ldots, y_{t_N})$$

bestimmt.

Die Autokorrelationsfunktion eines komplexen Prozesses ist durch

$$\varphi_{ZZ}(t_1, t_2) = E\{Z(t_1) \cdot Z^*(t_2)\} \tag{8.3-2}$$

$$= E\{[X(t_1) + jY(t_1)] \cdot [X(t_2) - jY(t_2)]\}$$

$$= \{\varphi_{XX}(t_1, t_2) + \varphi_{YY}(t_1, t_2)$$

$$+ j[\varphi_{YX}(t_1, t_2) - \varphi_{XY}(t_1, t_2)]\}$$

definiert.

Sind die Prozesse $X(t)$ und $Y(t)$ gemeinsam stationär, ist auch $Z(t)$ stationär und es gilt mit $\tau := t_2 - t_1$

$$\varphi_{ZZ}(t_1, t_2) = \varphi_{ZZ}(t_2 - t_1) = \varphi_{ZZ}(\tau).$$

Für die Autokorrelationsfunktion $\varphi_{ZZ}(\tau)$ folgt $(t_2 = t_1 + \tau)$

$$\varphi_{ZZ}^*(\tau) \overset{\overset{(8.3\text{-}2)}{E^*(Z)=E(Z^*)}}{=} E\{Z^*(t_1)Z(t_1 + \tau)\}$$

$$= E\{Z(t_1 + \tau)Z^*(t_1)\}$$

$$= E\{Z(t_1')Z^*(t_1' - \tau)\}$$

$$= \varphi_{ZZ}(-\tau). \tag{8.3-3}$$

Sind $Z(t) = X(t) + jY(t)$ und $W(t) = U(t) + jV(t)$ zwei komplexe stochastische Prozesse, erhalten wir für ihre Kreuzkorrelationsfunktion:

$$\varphi_{ZW}(t_1, t_2) = E\{Z(t_1)W^*(t_2)\} \tag{8.3-4}$$

$$= E\{[X(t_1) + jY(t_1)][U(t_2) - jV(t_2)]\}$$

$$= \varphi_{XU}(t_1, t_2) + \varphi_{YV}(t_1, t_2)$$

$$+ j[\varphi_{YU}(t_1, t_2) - \varphi_{XV}(t_1, t_2)]$$

Sind $Z(t)$ und $W(t)$ gemeinsam stationär, wird die Kreuzkorrelationsfunktion eine Funktion der Zeitdifferenz $\tau = t_2 - t_1$ und es folgt:

$$\varphi_{ZW}^*(\tau) = E\{Z^*(t_1)W(t_1 + \tau)\}$$

$$= E\{W(t_1 + \tau)Z^*(t_1)\}$$

$$= E\{W(t_1')Z^*(t_1' - \tau)\}$$

$$= \varphi_{WZ}(-\tau) \tag{8.3-5}$$

8.4   Zeitmittelwerte

Von den in Bild 8.2-1 skizzierten Möglichkeiten der Mittelwertbildung für einen stochastischen Prozeß wurde in Abschnitt 8.2 der **Scharmittelwert** diskutiert. Und **nur** die Scharmittelwerte sind für den Prozeß repräsentativ.

Ein **Zeitmittelwert** sagt nur etwas über die einzelne Realisierung aus, er kann von Realisierung zu Realisierung variieren. Es gibt jedoch eine Klasse **stark stationärer** Prozesse, für die Scharmittelwerte und Zeitmittelwerte identisch sind:

Definition 8.4-1

Der **stark stationäre** *stochastische Prozeß* $X(t)$ *ist* **ergodisch,** *wenn alle seine statistischen Eigenschaften aus einer einzigen Realisierung* $x(t)$ *abgeleitet werden können.*

Bemerkung:

Die Ergodizität läßt sich im allgemeinen nicht nachprüfen. Man hilft sich hier mit der **Ergodenhypothese**, mit der die Ergodizität einfach postuliert wird, oder man begnügt sich mit eingeschränkten Aussagen.

Definition 8.4-2

Es seien $g : \mathbb{R} \to \mathbb{R}$ *eine reellwertige Funktion und* $x(t)$ *ein Pfad des stark stationären stochastischen Prozesses* $X(t)$.

$$\overline{g[x(t)]} = \lim_{T \to \infty} \frac{1}{2T} \int_{-T}^{T} g[x(t)]\,dt \qquad (8.4\text{-}1)$$

heißt **zeitlicher Mittelwert der Realisierung** $x(t)$ *bezüglich der Funktion* g.

Beispiel: Ist g die Identität, erhält man mit

$$m = \overline{x(t)} = \lim_{T \to \infty} \frac{1}{2T} \int_{-T}^{T} x(t)\,dt \qquad (8.4\text{-}2)$$

den zeitlichen Mittelwert des Pfades, der für ergodische Prozesse mit dem Erwartungswert $E\{X(t)\}$ übereinstimmt.

Definition 8.4-3

Der **stark stationäre** *stochastische Prozeß* $X(t)$ *heißt* **ergodisch bezüglich** g, *wenn* $E\{g(X(t))\}$ *existiert und*

$$\overline{g[x(t)]} = E\{g(X(t))\} \qquad (8.4\text{-}3)$$

gilt.

Bemerkungen:

(i) Bei einem bezüglich g ergodischen Prozeß stimmen zeitlicher Mittelwert $\overline{g[x(t)]}$ des Pfades $x(t)$ und der Erwartungswert der Zufallsvariablen $g[X(t)]$ überein.

(ii) Um nicht zu tief in die Diskussion des Begriffs Ergodizität einsteigen zu müssen, wird in diesem Abschnitt stets die starke Stationarität des betrachteten Prozesses $X(t)$ vorausgesetzt. Beschränkt man sich jedoch z.B. auf die Betrachtung der Ergodizität von $X(t)$ bezüglich bestimmter Momente, kommt man mit schwächeren Voraussetzungen aus, wobei die Existenz der entsprechenden Momente (Scharmittel) von $X(t)$ natürlich vorausgesetzt werden muß: So genügt es zur Überprüfung der Ergodizität von $X(t)$ bezüglich des Erwartungswertes, seine Autokorrelationsfunktion zu kennen [Hän97]. Allgemein gilt, daß zur Prüfung der Ergodizität bezüglich des Mittelwerts der Ordnung k (siehe (8.4-4)) die Momente der Ordnung $2k$ benötigt werden.

Für ergodische Prozesse berechnen sich im Falle ihrer Existenz die gängigsten Momente, die gemäß Definition 8.4-3 gleich den entsprechenden zeitlichen Mittelwerten sind, nach folgenden Formeln.

k-tes Moment:

$$m^{(k)} = \lim_{T \to \infty} \frac{1}{2T} \int_{-T}^{T} x^k(t)\,dt \tag{8.4-4}$$

k-tes zentrales Moment:

$$\mu^{(k)} = \lim_{T \to \infty} \frac{1}{2T} \int_{-T}^{T} [x(t) - m^{(1)}]^k\,dt \tag{8.4-5}$$

Autokorrelationsfunktion:

$$\varphi_{XX}(\tau) = \lim_{T \to \infty} \frac{1}{2T} \int_{-T}^{T} x(t)x(t+\tau)\,dt \tag{8.4-6}$$

Autokovarianzfunktion:

$$c_{XX}(\tau) = \lim_{T \to \infty} \frac{1}{2T} \int_{-T}^{T} [x(t) - m^{(1)}][x(t+\tau) - m^{(1)}]\,dt \tag{8.4-7}$$

Zwei stark stochastische Prozesse sind **gemeinsam ergodisch**, wenn beide Prozesse gemeinsam stark stationär und ergodisch sind und wenn auch für ihre gemeinsamen Momente die Vertauschbarkeit von Schar- und Zeitmittelwerten gegeben ist. Dann folgt:

Kreuzkorrelationsfunktion:

$$\varphi_{XY}(\tau) = \lim_{T \to \infty} \frac{1}{2T} \int_{-T}^{T} x(t)y(t + \tau)\, dt \tag{8.4-8}$$

Kreuzkovarianzfunktion:

$$c_{XY}(\tau) = \lim_{T \to \infty} \frac{1}{2T} \int_{-T}^{T} [x(t) - m_x^{(1)}][y(t + \tau) - m_y^{(1)}]\, dt \tag{8.4-9}$$

8.5 Das Leistungsdichtespektrum

Der Frequenzgehalt ist ein Unterscheidungskriterium für Signale. Dabei ist zu beachten, daß es Signale mit endlicher Energie (**Energiesignale**) und solche mit endlicher Leistung (**Leistungssignale**) gibt. Den Frequenzgehalt von Energiesignalen erhält man durch die Fouriertransformation (siehe Anhang B). **Periodische Signale** besitzen keine endliche Energie, d.h. zu ihnen existiert keine Fouriertransformierte. Den Frequenzgehalt periodischer Signale bestimmt man durch Fourierreihenentwicklung, bei der die Fourierkoeffizienten die Verteilung der Energie auf die diskreten Frequenzen widerspiegeln.

Stochastische Prozesse sind Familien von Zufallsvariablen, ihre Realisierungen sind im allgemeinen keine Energiesignale. Will man den Frequenzgehalt eines stochastischen Prozesses erfassen, ist eine summarische Betrachtung aller Pfade notwendig. Daher definiert man als Frequenzgehalt eines stationären Zufallssignals (stochastischer Prozeß!) die Fouriertransformierte seiner Autokorrelationsfunktion:

Definition 8.5-1

$X(t)$ sei ein stationärer stochastischer Prozeß mit der Autokorrelationsfunktion $\varphi_{XX}(\tau)$. Dann heißt

$$\Phi_{XX}(f) = \int_{-\infty}^{\infty} \varphi_{XX}(\tau)e^{-j2\pi f\tau}\, d\tau \tag{8.5-1}$$

Leistungsdichtespektrum *des Prozesses $X(t)$.*

Bemerkungen:

(i) Die inverse Fouriertransformation liefert

$$\varphi_{XX}(\tau) = \int_{-\infty}^{\infty} \Phi_{XX}(f) e^{j2\pi f\tau}\, df. \qquad (8.5\text{-}2)$$

(ii) Für die mittlere Leistung von $X(t)$ gilt

$$\varphi_{XX}(0) = \int_{-\infty}^{\infty} \Phi_{XX}(f)\, df = E\{X^2(t)\} \geq 0 \qquad (8.5\text{-}3)$$

und man kann zeigen, daß $\Phi_{XX}(f) \geq 0 \; \forall f$ ist [Pro95]. Damit gibt $\Phi_{XX}(f)$ die Leistungsverteilung auf die Frequenzen an.

Ist $X(t)$ ein reeller stationärer stochastischer Prozeß, ist $\varphi_{XX}(\tau)$ reell und gerade, dann ist aber auch $\Phi_{XX}(f)$ reell und gerade. Für komplexe Prozesse gilt $\varphi_{ZZ}(\tau) = \varphi_{ZZ}^*(-\tau)$ (8.3-3) und damit

$$\begin{aligned}
\Phi_{ZZ}(f) &= \int_{-\infty}^{\infty} \varphi_{ZZ}(\tau) e^{-j2\pi f\tau}\, d\tau \\[1em]
&= \int_{-\infty}^{\infty} \varphi_{ZZ}^*(-\tau) e^{-j2\pi f\tau}\, d\tau \\[1em]
&= \int_{-\infty}^{\infty} \varphi_{ZZ}^*(\tau) e^{j2\pi f\tau}\, d\tau \\[1em]
&= \Phi_{ZZ}^*(f).
\end{aligned}$$

Zusammen mit der oben gemachten Bemerkung (8.5-3), die sinngemäß auch für komplexe Prozesse gilt, ergibt sich so der

Satz 8.5-1

Das Leistungsdichtespektrum ist in jedem Fall eine nichtnegative reellwertige Funktion.

Definition 8.5-2

$$\Phi_{XY}(f) = \int\limits_{-\infty}^{\infty} \varphi_{XY}(\tau)e^{-j2\pi f\tau}\,d\tau \tag{8.5-4}$$

heißt **Kreuz-Leistungsdichtespektrum** *der gemeinsam stationären Prozesse $X(t)$ und $Y(t)$.*

Aus Gleichung (8.2-7), $\varphi_{XY}(-\tau) = \varphi_{YX}(\tau)$, folgt sofort ($\varphi_{XY}(\tau)$ ist reell):

$$\begin{aligned}
\Phi_{XY}^{*}(f) &= \int\limits_{-\infty}^{\infty} \varphi_{XY}(\tau)e^{j2\pi f\tau}\,d\tau \\[1ex]
&= \int\limits_{-\infty}^{\infty} \varphi_{YX}(-\tau)e^{j2\pi f\tau}\,d\tau \\[1ex]
&= \int\limits_{-\infty}^{\infty} \varphi_{YX}(\tau)e^{-j2\pi f\tau}\,d\tau \\[1ex]
&= \Phi_{YX}(f)
\end{aligned}$$

Für gemeinsam stationäre reelle stochastische Prozesse gilt andererseits

$$\Phi_{XY}^{*}(f) = \int\limits_{-\infty}^{\infty} \varphi_{XY}(\tau)e^{j2\pi f\tau}\,d\tau = \Phi_{XY}(-f).$$

Daraus ergibt sich in diesem Fall:

$$\Phi_{YX}(f) = \Phi_{XY}(-f)$$

8.6 Zeitdiskrete Zufallsprozesse

Ein zeitdiskreter Zufallsprozeß $X(n)$ ist eine Familie zufälliger Folgen $\{x(n)\}$. $X(n)$ kann z.B. durch äquidistante Abtastung eines zeitkontinuierlichen Prozesses $X(t)$ entstanden sein ($n = n\Delta t$). Die Eigenschaften von $X(t)$ und $X(n)$ sind daher einander sehr ähnlich.

Das **k-te Moment** von $X(n)$ ist

$$E\{X^k(n)\} = \int\limits_{-\infty}^{\infty} x_n^k f(x_n)\, dx_n. \tag{8.6-1}$$

Statt der Autokorrelationsfunktion erhält man hier die **Autokorrelations-folge**

$$\varphi_{XX}(n,k) = E\{X(n)X(k)\} \tag{8.6-2}$$

$$= \int\limits_{-\infty}^{\infty} \int\limits_{-\infty}^{\infty} x_n x_k f(x_n, x_k)\, dx_n\, dx_k$$

und genauso die **Autokovarianzfolge**

$$c_{XX}(n,k) = \varphi_{XX}(n,k) - E\{X(n)\}E\{X(k)\}. \tag{8.6-3}$$

Für **stationäre stochastische Prozesse** erhalten wir die Gleichungen

$$\varphi_{XX}(n,k) = \varphi_{XX}(k-n)$$

$$c_{XX}(n,k) = c_{XX}(k-n) = \varphi_{XX}(k-n) - [E\{X(n)\}]^2.$$

Genauso wie die Pfade eines zeitkontinuierlichen Prozesses haben auch die Pfade zeitdiskreter Prozesse im allgemeinen keine endliche Energie. Einem stationären Prozeß wird aber eine **mittlere Leistung** zugeschrieben, die durch

$$\varphi_{XX}(0) = E\{X^2(n)\}$$

gegeben ist.

Das **Leistungsdichtespektrum** des zeitdiskreten stationären Prozesses $X(n)$ erhält man aus der Fouriertransformation von $\varphi_{XX}(m)$. Da $\varphi_{XX}(m)$ eine zeitdiskrete Folge ist, ergibt sich ihre Fouriertransformierte zu

$$\Phi_{XX}(f) = \sum_{m=-\infty}^{\infty} \varphi_{XX}(m)e^{-j2\pi fm} \tag{8.6-4}$$

und die inverse Fouriertransformierte ist

$$\varphi_{XX}(m) = \int\limits_{-f_p/2}^{f_p/2} \Phi_{XX}(f)e^{j2\pi fm}\, df. \tag{8.6-5}$$

Da $\Phi_{XX}(f)$ die Fouriertransformierte eines zeitdiskreten Signals ist, ist $\Phi_{XX}(f)$ periodisch mit der Periode $f_p = \frac{1}{\Delta t}$. D.h. es gilt

$$\Phi_{XX}(f + k \cdot f_p) = \Phi_{XX}(f) \qquad \text{für } k = \pm 1,\, \pm 2,\, \ldots,$$

wobei für $\Delta t = 1$ natürlich auch $f_p = 1$ ist.

8.7   Übungsaufgaben

Aufgabe 8.1

Es sei $X(t)$, $t > 0$ ein stochastischer Prozeß mit der Verteilungsfunktion

$$F_{X(t)}(x) = 1 - \exp\left\{ -\left(\frac{x}{t}\right)^2 \right\}, \quad x \geq 0.$$

Die gemeinsame Dichte von $X(t_1)$ und $X(t_2)$, $(t_1, t_2 > 0)$ sei

$$f(x_{t_1}, x_{t_2}) = 4\, \frac{x_{t_1}\, x_{t_2}}{t_1^2\, t_2^2}\, \exp\left\{ -\left[\left(\frac{x_{t_1}}{t_1}\right)^2 + \left(\frac{x_{t_2}}{t_2}\right)^2 \right] \right\},$$

$$x_{t_1}, x_{t_2} \geq 0$$

a) Man berechne $E\{X(t)\}$ dieses Prozesses.

b) Man berechne die Autokorrelationsfunktion von $X(t)$.

c) Ist der Prozeß schwach stationär? Ist er stark stationär? (Begründung!)

a) Mit (4.1-13) gilt:

$$f_{X(t)}(x) = \frac{dF(x)}{dx}$$

$$= 2 \cdot \frac{x}{t^2} \cdot \exp\left\{-\left(\frac{x}{t}\right)^2\right\}, \quad x \geq 0$$

Mit $\displaystyle\int_0^\infty x^2 e^{-ax^2}\, dx = \frac{\sqrt{\pi}}{4a^{\frac{3}{2}}}$ folgt:

$$E\{X(t)\} = \int_0^\infty 2 \cdot \frac{x^2}{t^2} \cdot \exp\left\{-\left(\frac{x}{t}\right)^2\right\} dx$$

$$= 2 \cdot \frac{1}{t^2} \cdot \frac{\sqrt{\pi}}{4\left(\frac{1}{t^2}\right)^{\frac{3}{2}}} = \frac{\sqrt{\pi}}{2} \cdot t$$

b) $\displaystyle\quad \varphi_{XX}(t_1, t_2) = \int_0^\infty \int_0^\infty 4 \cdot \frac{x_{t_1}^2 x_{t_2}^2}{t_1^2 t_2^2} \exp\left\{-\left(\frac{x_{t_1}}{t_1}\right)^2\right\}$

$$\cdot \exp\left\{-\left(\frac{x_{t_2}}{t_2}\right)^2\right\} dx_{t_1}\, dx_{t_2}$$

$$= t_1 t_2 \frac{\pi}{4}$$

c) Der Prozeß ist weder schwach noch stark stationär, da $E[X(t)]$ zeit-abhängig ist.

Aufgabe 8.2 [Bei97]

Eine Quelle erzeugt zufällig und unabhängig voneinander eine Folge von Zeichen 1 bzw. 0 der Länge T. Diesem Signal kann folgender stochastischer Prozeß zugewiesen werden:

$$X(t) = \sum_{n=-\infty}^{\infty} A(nT)h(t - nT)$$

mit der zeitdiskreten Folge von unabhängigen, null-eins-verteilten Zufallsvariablen $A(nT)$, die mit Wahrscheinlichkeit p den Wert 1 und mit Wahrscheinlichkeit $1 - p$ den Wert 0 annehmen. Ferner sei

$$h(t) = \begin{cases} 1 & \text{für } 0 \leq t < T \\ 0 & \text{sonst} \end{cases}$$

ein deterministischer Impuls.

a) Man skizziere eine mögliche Realisierung dieses Prozesses.

b) Man berechne $E\{X(t)\}$.

c) Ist dieser Prozeß (schwach) stationär?

d) Ist der stochastische Prozeß $Y(t) = X(t - D)$, mit der in $[0, T]$ gleichverteilten Zufallsvariablen D, (schwach) stationär? Skizzieren Sie eine mögliche Realisierung von $Y(t)$.

---

a) Eine mögliche Realisierung des Prozesses ist in nachfolgender Grafik wiedergegeben.

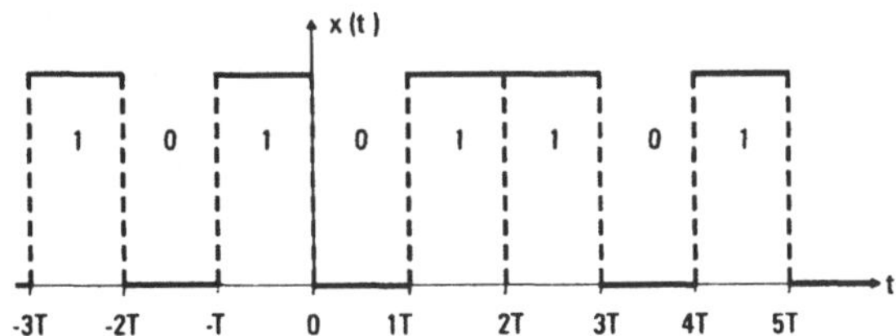

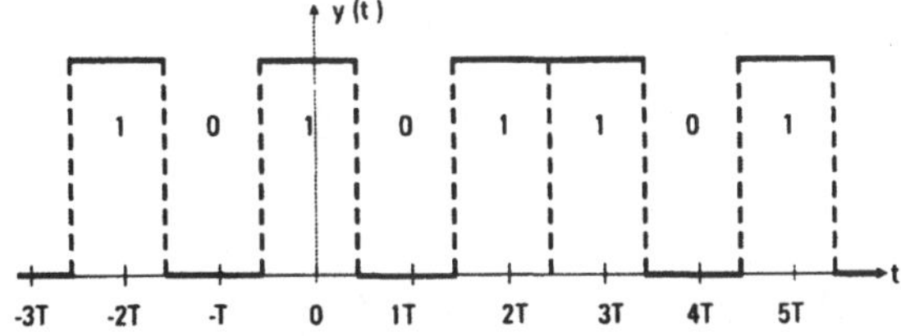

Bild 8.7-1: Mögliche Realisierungen von $X(t)$ (oben) und $Y(t)$ (unten)

b) $E\{X(t)\} = \displaystyle\sum_{n=-\infty}^{\infty} E\{A(nT)\}h(t-nT) = \sum_{n=-\infty}^{\infty} ph(t-nT) = p \ \forall \, t$

c) Es müssen hier zwei verschiedene Fälle untersucht werden, die von den Zeitpunkten t_1 und t_2 abhängen.

1. Fall:

Wenn t_1 und t_2 innerhalb eines Bit-Intervalles T liegen, ergibt sich mit $nT \le t_1, t_2 < (n+1)T; n = 0, \pm 1, \pm 2, \ldots$:

$$E\{X(t_1)X(t_2)\} \overset{(7.2\text{-}9)}{=}$$
$$E\{X(t_1)X(t_2)|X(t_1) = 1\} \cdot P(X(t_1) = 1)$$
$$+ E\{X(t_1)X(t_2)|X(t_1) = 0\} \cdot P(X(t_1) = 0) = 1 \cdot p$$

2. Fall:

Wenn t_1 und t_2 nicht im selben Bit-Intervall T liegen, ergibt sich mit

$$mT \le t_1 < (m+1)T$$

und

$$nT \le t_2 < (n+1)T$$

mit $m \ne n$

$$E\{X(t_1)X(t_2)\} = E\{X(t_1)\} \cdot E\{X(t_2)\}$$
$$= p \cdot p = p^2$$

Insgesamt gilt somit:

$$\varphi_{XX}(t_1, t_2) = \begin{cases} p & \text{für } nT \le t_1, t_2 < (n+1)T \\ p^2 & \text{sonst} \end{cases}$$

Der Prozeß $X(t)$ ist, obwohl sein 1. Moment konstant ist, nicht stationär, da die Autokorrelationsfunktion nicht nur von der Zeitdifferenz $\tau = t_2 - t_1$ abhängig ist.

d) Auch hier werden zwei Fälle unterschieden:

1. Fall:

Für den Abstand zwischen den Zeitpunkten gilt $|t_2 - t_1| \geq T$. Dann sind $Y(t_1)$ und $Y(t_2)$ unabhängig und t_1 und t_2 sind durch mindestens einen Schaltpunkt $nT + D$; $n \pm 1, \cdots$; getrennt. Es gilt $\varphi_{YY}(t_1, t_2) = p^2$.

2. Fall:

Unter der Bedingung $|t_2 - t_1| < T$ sind $Y(t_1)$ und $Y(t_2)$ nur dann unabhängig, wenn t_1 und t_2 durch genau einen Schaltpunkt $nT + D; n = 0, \pm 1, \pm 2, \ldots$; getrennt sind. Dieses zufällige Ereignis wird mit B bezeichnet. Das dazu komplementäre Ereignis unter derselben Bedingung sei $\overline{B}$. Die zugehörigen Wahrscheinlichkeiten sind:

$$P(B) = \frac{|t_2 - t_1|}{T}, \quad P(\overline{B}) = 1 - \frac{|t_2 - t_1|}{T}$$

Also gilt unter der Bedingung $|t_2 - t_1| < T$:

$$
\begin{aligned}
E\{Y(t_1)Y(t_2)\} &\overset{(7.2\text{-}9)}{=} E\{Y(t_1)Y(t_2)|B\}P(B) \\
&\quad + E\{Y(t_1)Y(t_2)|\overline{B}\}P(\overline{B}) \\
&= E\{Y(t_1)\}E\{Y(t_2)\}P(B) \\
&\quad + E\{Y^2(t_1)\}P(\overline{B}) \\
&= p^2 \cdot \frac{|t_2 - t_1|}{T} + p \cdot \left(1 - \frac{|t_2 - t_1|}{T}\right) \\
&= p^2 \cdot \frac{|\tau|}{T} + p \cdot \left(1 - \frac{|\tau|}{T}\right)
\end{aligned}
$$

Insgesamt gilt somit:

$$
\varphi_{YY}(\tau) = \begin{cases} p^2 \frac{|\tau|}{T} + p\left(1 - \frac{|\tau|}{T}\right) & \text{für } |\tau| < T \\ p^2 & \text{sonst} \end{cases}
$$

Folgerung: Der Prozeß $Y(t)$ ist schwach stationär, da $E\{Y(t)\} = E\{X(t - D)\} = p = const.$ und $\varphi_{YY}(t_1, t_2) = \varphi_{YY}(\tau)$ gilt.

Aufgabe 8.3

Gegeben sei ein stochastischer Prozeß

$$X(\xi, t) = A(\xi) \cdot \cos[2\pi f_0 t + Y(\xi)]$$

wobei f_0 eine reelle Konstante ist. Die Zufallsvariablen A und Y seien stochastisch unabhängig. Y sei im Intervall $[-\pi, \pi)$ gleichverteilt, A sei normalverteilt mit dem Erwartungswert Null. Man bestimme

a) die Autokorrelationsfunktion und

b) die spektrale Leistungsdichte

des Prozesses.

---

a) $\quad \varphi_{XX}(t_1, t_2) = E\{X(t_1) \cdot X(t_2)\}$

$$= E\{A \cos[2\pi f_0 t_1 + Y] \cdot A \cos[2\pi f_0 t_2 + Y]\}$$

$$= E\{A^2\} \cdot E\{\cos[2\pi f_0 t_1 + Y]$$

$$\cdot \cos[2\pi f_0 t_2 + Y]\}$$

mit: $\cos x \cdot \cos y = \frac{1}{2}\left(\cos(x - y) + \cos(x + y)\right)$

$$= 2 \cdot \frac{1}{2} E\{\cos[2\pi f_0(t_2 - t_1)]$$

$$+ \cos[2\pi f_0(t_1 + t_2) + 2Y]\}$$

mit Gleichung (5.1-7)

$$= \cos[2\pi f_0(t_2 - t_1)]$$

$$+ \underbrace{\frac{1}{2\pi} \int\limits_{-\pi}^{\pi} \cos[2\pi f_0(t_1 + t_2) + 2y]\, dy}_{= 0}$$

$$= \cos[2\pi f_0 \tau] = \varphi_{XX}(\tau)$$

b) A und Y sind unabhängig

$$\Rightarrow E\{X(t)\} = E\{A\cos(2\pi f_0 t + Y)\}$$
$$= E\{A\}E\{\cos(2\pi f_0 t + Y)\}$$
$$= 0$$

Insgesamt folgt, daß $X(t,\xi)$ schwach stationär ist. Die spektrale Leistungsdichte existiert also und ist gegeben durch:

$$\Phi_{XX}(f) \quad \bullet\!\!-\!\!\circ \quad \varphi_{XX}(\tau)$$

Aus Anhang B (Tabelle B-1) folgt

$$\Phi_{XX}(f) \quad = \quad \frac{1}{2}[\delta(f - f_0) + \delta(f + f_0)] \, .$$

Aufgabe 8.4

$X(t)$ sei ein normaler, stationärer Prozeß mit $E\{X(t)\} = 0$. Er besitze die Autokorrelationsfunktion

$$\varphi_{XX}(\tau) = \exp\left\{-\frac{|\tau|}{T}\right\}, \quad T > 0.$$

a) Man bestimme das Leistungsdichtespektrum des Prozesses.

b) Man bestimme die mittlere Leistung des Prozesses.

c) Man bestimme die gemeinsame Dichte der Zufallsvariablen $X(t_1)$ und $X(t_2)$ mit $t_1 = 0$ und $t_2 = 2T$.

---

a) Aus Anhang B (Tabelle B-1) folgt:

$$\Phi_{XX}(f) \quad \bullet\!\!-\!\!\circ \quad \exp\left\{-\frac{|\tau|}{T}\right\}$$

$$\Phi_{XX}(f) \quad = \quad \frac{2\frac{1}{T}}{\frac{1}{T^2} + (2\pi f)^2} \quad = \quad \frac{2T}{1 + (2\pi f T)^2}$$

b) $E\{X^2(t)\} = \varphi_{XX}(0) = 1$

c) Da $X(t)$ ein normaler Prozeß ist, ist die gemeinsame Dichte von $X(t_1)$ und $X(t_2)$ eine Gaußdichte. Zu deren Bestimmung sind Mittelwerte m_1, m_2, Varianzen σ_1, σ_2 und der Korrelationskoeffizient ρ zu ermitteln.

Nach Voraussetzung ist der Prozeß mittelwertfrei:

$$m_1 = m_2 = 0$$

$$\sigma_1^2 = E\{X^2(t_1)\} - m_1^2$$
$$= \varphi_{XX}(0) = 1$$

$X(t)$ ist stationär $\Rightarrow \sigma_2 = \sigma_1 = 1$

$$\rho \overset{(7.3\text{--}5)}{=} \frac{E\{X(t_1)X(t_2)\} - m_1 m_2}{\sigma_1 \sigma_2}$$
$$= E\{X(t_1)X(t_2)\} = E\{X(0)X(2T)\}$$
$$= \varphi_{XX}(2T) = e^{-2}.$$

Insgesamt folgt für die gemeinsame Dichte:

$$f(x_0, x_{2T}) \overset{(7.1\text{-}7)}{=}$$

$$= \frac{1}{\left(2\pi\sigma_1\sigma_2\sqrt{1-\rho^2}\right)} \cdot \exp\left\{-\frac{1}{2(1-\rho^2)}\right.$$

$$\left. \cdot \left[\frac{(x_0 - m_1)^2}{\sigma_1^2} - \frac{2\rho(x_0 - m_1)(x_{2T} - m_2)}{\sigma_1\sigma_2} + \frac{(x_{2T} - m_2)^2}{\sigma_2^2}\right]\right\}$$

$$= \frac{1}{2\pi\sqrt{1-e^{-4}}} \exp\left\{-\frac{1}{2(1-e^{-4})}\left[x_0^2 - 2e^{-2}x_0 x_{2T} + x_{2T}^2\right]\right\}.$$

9 Spezielle stochastische Prozesse

Im letzten Kapitel dieses Buches wollen wir uns mit speziellen stochastischen Prozessen beschäftigen. Die für die Anwendung überaus wichtige Klasse der normalen oder Gaußprozesse haben wir bereits in Abschnitt 8.2 (Definition 8.2-5) kennengelernt. Wir werden uns hier zunächst einem Spezialfall aus dieser Klasse zuwenden.

9.1 Weißes Gaußsches Rauschen

Unter einem (reellen) **weißen Gaußschen Rauschen** $\tilde{X}(t)$ versteht man einen mittelwertfreien, stationären Gaußprozeß, dessen Leistungsdichtespektrum auf der gesamten Frequenzachse konstant ist (Bild 9.1-1(a)):

$$\Phi_{\tilde{X}\tilde{X}}(f) = \frac{N_o}{2} \qquad \forall f \tag{9.1-1}$$

Gemäß (8.5-2) hat das weiße Gaußsche Rauschen daher die Autokorrelationsfunktion (vergleiche auch Tabelle B-1)

$$\varphi_{\tilde{X}\tilde{X}}(\tau) = \frac{N_o}{2} \int\limits_{-\infty}^{\infty} e^{j2\pi f\tau}\, df$$

$$= \frac{N_o}{2}\delta(\tau). \tag{9.1-2}$$

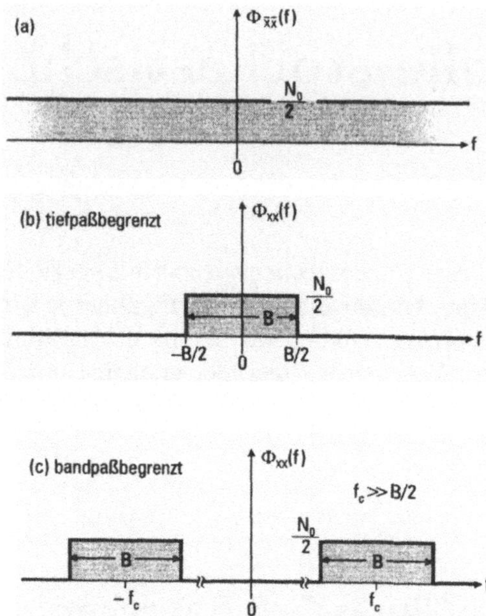

Bild 9.1-1: Leistungsdichtespektren reeller weißer Gaußscher Rauschprozesse

Bemerkungen:

(i) Die mittlere Leistung des weißen Gaußschen Rauschens ist **nicht** endlich.

(ii) Die Realisierungen des weißen Gaußschen Rauschens sind **keine** Funktionen sondern Distributionen [Hid80].

(iii) Aufgrund von (9.1-2) sind für einen weißen Gaußschen Rauschprozeß $\widetilde{X}(t)$ die Zufallsvariablen $\widetilde{X}(t_1)$ und $\widetilde{X}(t_2)$ unkorreliert und damit, da es sich um einen Gaußprozeß handelt, unabhängig, wenn nur $\tau = t_2 - t_1 \neq 0$ gilt.

In praktischen Anwendungen spielen das tiefpaßbegrenzte (siehe auch Anhang B) weiße Gaußsche Rauschen und das bandpaßbegrenzte weiße Rauschen eine wichtige Rolle (Bild 9.1-1(b) und (c)). Das Leistungsdichtespektrum des tiefpaßbegrenzten reellen weißen Gaußschen Rauschens ist:

$$\Phi_{XX}(f) = \begin{cases} \frac{N_o}{2} & \text{für} \quad |f| \le \frac{B}{2} \\[2mm] 0 & \text{sonst} \end{cases} \tag{9.1-3}$$

Wieder mit (8.5-2) bekommt man für die Autokorrelationsfunktion

$$\varphi_{XX}(\tau) = \frac{N_o}{2} \frac{\sin(\pi B \tau)}{\pi \tau}. \tag{9.1-4}$$

Bemerkungen:

(i) Die mittlere Leistung des tiefpaßbegrenzten reellen weißen Rauschens ist, wie man unter Anwendung der Regel von de l'Hospital leicht nachweist,

$$\sigma_X^2 = \varphi_{XX}(0) = \frac{N_o}{2} B. \tag{9.1-5}$$

(ii) Die Realisierungen des tiefpaßbegrenzten reellen weißen Rauschens sind (beliebig oft differenzierbare) Funktionen.

(iii) Aufgrund von (9.1-4) sind für ein tiefpaßbegrenztes reelles weißes Rauschen $X(t)$ die Zufallsvariablen $X(t_1)$ und $X(t_2)$ unkorreliert und damit, da es sich um einen Gaußprozeß handelt, unabhängig, wenn $\tau = t_2 - t_1 = \frac{n}{B}$ $(n \in \mathbf{Z}, n \ne 0)$ gilt.

(iv) Durch den Grenzübergang $B \to \infty$ ergibt sich aus (9.1-4) (vergleiche (9.1-2)):

$$\varphi_{XX}(\tau) \xrightarrow[B \to \infty]{} \frac{N_o}{2} \delta(\tau)$$

Für die Verteilungsfunktion des tiefpaßbegrenzten reellen weißen Gaußschen Rauschens $X(t)$ ergibt sich folgendes: Zunächst einmal spricht nichts dagegen, daß für den (reellwertigen) stochastischen Prozeß $X(t)$ positive und negative Amplituden gleich häufig auftreten. Mit (9.1-5) ist $\sigma_X^2 = \frac{N_o}{2}B$. Um die Verteilungsfunktion zu erhalten, ist daher in (6.8-2) $\mu = 0$ und $\sigma_X^2 = \frac{N_o}{2}B$ einzusetzen:

$$F(x) = \frac{1}{\sqrt{\pi N_o B}} \int\limits_{-\infty}^{x} \exp(-\frac{u^2}{N_o B})\, du$$

Ist $X(t)$ ergodisch, kann die Amplitudenverteilung des tiefpaßbegrenzten reellen weißen Gaußschen Rauschens aus einer einzigen Realisierung ermittelt werden (vergleiche Bild 9.1-2).

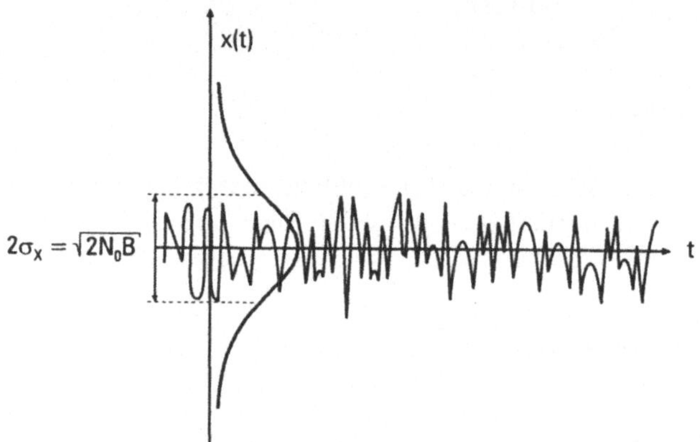

Bild 9.1-2: Verteilung eines (stationären) ergodischen tiefpaßbegrenzten reellen weißen Gaußschen Rauschprozesses

Das tiefpaßbegrenzte komplexe weiße Gaußsche Rauschen $Z(t) = X(t) + jY(t)$ besitzt das Leistungsdichtespektrum

$$\Phi_{ZZ}(f) = \begin{cases} N_o & \text{für} \quad |f| \le \frac{B}{2} \\ 0 & \text{sonst} \end{cases} \quad . \tag{9.1-6}$$

Realteilprozeß $X(t)$ und Imaginärteilprozeß $Y(t)$ sind stochastisch unabhängige tiefpaßbegrenzte reelle weiße Gaußsche Rauschprozesse mit der selben mittleren Leistung $\sigma_X^2 = \varphi_{XX}(0) = \sigma_Y^2 = \varphi_{YY}(0) = \frac{N_o}{2}B$.

Auch hier ergibt sich die Autokorrelationsfunktion $\varphi_{ZZ}(\tau)$ aus der Fourierrücktransformation des Leistungsdichtespektrums (9.1-6):

$$\varphi_{ZZ}(\tau) = N_o \frac{\sin \pi B\tau}{\pi\tau} \tag{9.1-7}$$

Die mittlere Leistung des Prozesses $Z(t)$ ist

$$\sigma_Z^2 = \varphi_{ZZ}(0) = \varphi_{XX}(0) + \varphi_{YY}(0) = 2\sigma_X^2 = N_oB \qquad (9.1\text{-}8)$$

(vergleiche dazu auch Aufgabe 7.7 und Bild 9.1-3).

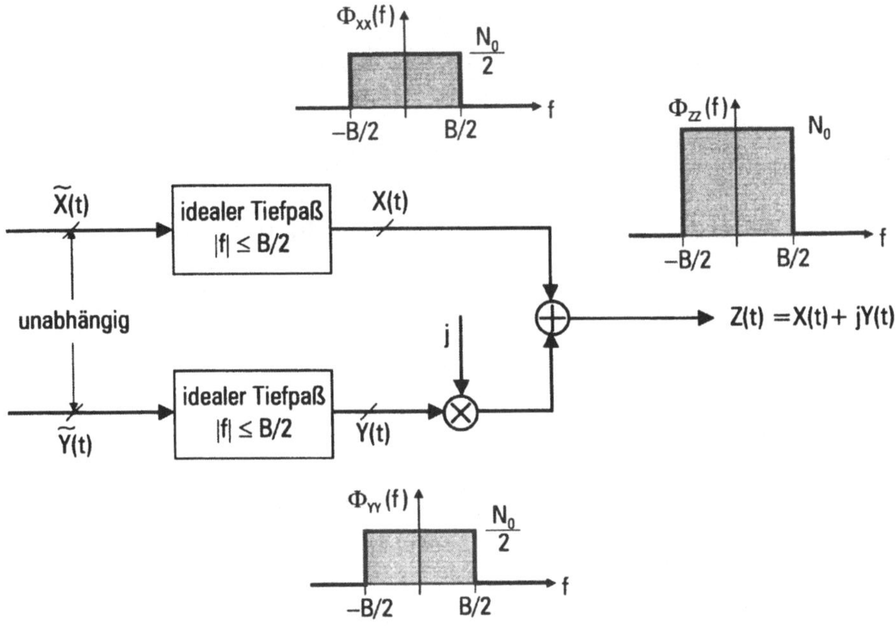

Bild 9.1-3: Ideal tiefpaßbegrenztes komplexes weißes Gaußsches Rauschen

Die zum tiefpaßbegrenzten reellen weißen Gaußschen Rauschen $X(t)$ gemachten Bemerkungen gelten ansonsten sinngemäß auch für $Z(t)$.

9.2 Poissonprozeß

In paketvermittelnden Übertragungssystemen muß die Verarbeitung der Pakete in Knoten diskutiert werden. Die Ankunft der Pakete folgt häufig einem **Poissonprozeß $X(t)$**. Wir betrachten ein kleines Zeitintervall der Länge Δt und stellen an diesen Ankunftsprozeß folgende **Forderungen:**

1. Die Wahrscheinlichkeit dafür, daß im Intervall der Länge Δt ein Paket eintrifft ist

$$P\{X(t + \Delta t) - X(t) = 1\} = \lambda\Delta t + o(\Delta t),^1$$

wobei $\lambda\Delta t \ll 1$ und λ ein Proportionalitätsfaktor ist.

2. Es gilt

$$P\{X(t + \Delta t) - X(t) = 0\} = 1 - \lambda\Delta t + o(\Delta t).$$

3. Die Wahrscheinlichkeit dafür, daß im Intervall der Länge Δt ein Paket eintrifft, ist unabhängig von der Lage des Intervalls auf der Zeitachse.

4. Der Ankunftsprozeß ist gedächtnislos: Das Eintreffen eines Pakets im Intervall der Länge Δt ist unabhängig vom Eintreffen irgendwelcher Pakete in vergangenen oder zukünftigen (disjunkten) Intervallen.

Mit $X(0) = 0$ gibt $X(t)$ die Anzahl der im Intervall der Dauer t eingetroffenen Pakete an.

Satz 9.2-1

Es gilt für $t \geq 0$

$$P\{X(t) = k\} = \frac{(\lambda t)^k}{k!} e^{-\lambda t}, \tag{9.2-1}$$

d.h. $X(t)$ folgt einer Poissonverteilung (vergleiche auch Abschnitt 6.4).

Beweis:

Gleichung (9.2-1) ergibt sich aus den oben genannten vier Forderungen an den Ankunftsprozeß $X(t)$: Wir stellen uns ein Intervall der Länge t in m kleine Intervalle, von denen jedes die Länge Δt hat, unterteilt vor. Die Wahrscheinlichkeit für die Ankunft eines Pakets in jedem Intervall der Länge Δt ist $p = \lambda\Delta t$, die Wahrscheinlichkeit dafür, daß **kein** Paket ankommt, ist $1 - p = 1 - \lambda\Delta t$. Beachtet man nun, daß der Ankunftsprozeß gedächtnislos ist, ergibt sich die Wahrscheinlichkeit für das Eintreffen von $k \leq m$ Paketen im Intervall der Länge $t = m\Delta t$ zu

$$P(X(t) = k) = \binom{m}{k}(\lambda\Delta t)^k(1 - \lambda\Delta t)^{m-k}.$$

---

[1]Es gilt $\lim\limits_{\Delta t \to 0} \dfrac{o(\Delta t)}{\Delta t} = 0.$

Ähnlich wie im Beweis von Satz 6.4-1 ergibt sich Gleichung (9.2-1).

Mit den Überlegungen aus Abschnitt 6.4 folgt

- für den Erwartungswert

$$E\{X(t)\} = \lambda t, \tag{9.2-2}$$

- für die Varianz

$$D^2\{X(t)\} = \lambda t. \tag{9.2-3}$$

Folgerung:

Wegen (9.2-2) ist der Poissonprozeß nichtstationär.

Ebenfalls aus (9.2-2) ergibt sich für den Parameter

$$\lambda = \frac{E\{X(t)\}}{t}$$

die Interpretation als **mittlere Ankunftsrate** der Pakete. Darüber hinaus folgt aus (9.2-2) und (9.2-3)

$$\frac{D\{X(t)\}}{E\{X(t)\}} = \frac{1}{\sqrt{\lambda t}}.$$

Für $\lambda t \gg 1$ ($\Leftrightarrow t \gg \frac{1}{\lambda}$) ist die Verteilung also um den Erwartungswert λt konzentriert. Mißt man daher im (großen) Intervall der Länge t die Anzahl ankommender Pakete n, ist $\frac{n}{t}$ ein vernünftiger Schätzwert für λ. Weiterhin gilt

$$P\{X(t) = 0\} = e^{-\lambda t}.$$

Mit wachsendem t geht daher die Wahrscheinlichkeit dafür, daß kein Paket ankommt, mit t exponentiell gegen Null.

Wir betrachten nun (siehe Bild 9.2-1) ein großes Zeitintervall und markieren die Ankunftszeiten der Pakete.

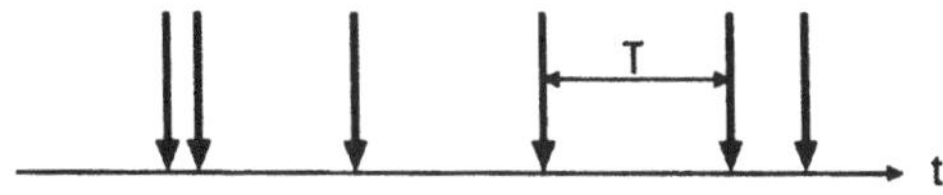

Bild 9.2-1: Ankunftszeitpunkte der Datenpakete an einem Knoten bei Poisson-Statistik

Die Zeitdifferenz zwischen zwei aufeinanderfolgenden Ankunftszeitpunkten
wird mit T bezeichnet. Es ist klar, daß T eine Zufallsvariable, die nur nichtnegative Werte annehmen kann, ist.

Satz 9.2-2

*Für einen Poissonschen Ankunftsprozeß $X(t)$ besitzt die Zufallsvaria-
ble T eine Exponentialverteilung, d. h. die Dichte von T ist (vergleiche
(6.7-1))*

$$f_T(\tau) = \begin{cases} 0 & \text{für } \tau \leq 0 \\ \lambda e^{-\lambda\tau} & \text{für } \tau > 0 \end{cases} \quad , \lambda > 0. \tag{9.2-4}$$

Beweis:

Die Zufallsvariable T kann so interpretiert werden, daß sie den Ankunftszeit-
punkt für das erste Paket nach einem beliebigen Zeitnullpunkt beschreibt
(Bild 9.2-2).

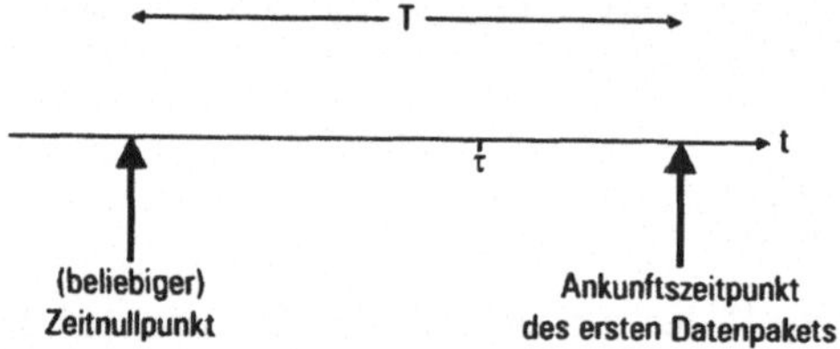

Bild 9.2-2: Zur Herleitung der Exponentialverteilung

Aus (9.2-1) folgt für $\tau > 0$:

$$P\{T > \tau\} = P\{X(\tau) = 0\} = e^{-\lambda\tau}$$

Damit gilt auch

$$P\{T \leq \tau\} = F_T(\tau) = 1 - e^{-\lambda\tau} \qquad (\tau > 0)$$

für die Verteilungsfunktion von T, woraus durch Differentiation nach τ
(9.2-4) folgt.

Bemerkung:

Aus der Dichte $f_T(\tau)$ (Bild 9.2-3) ergibt sich, daß die Differenz zwischen
den Ankunftszeiten zweier aufeinanderfolgender Pakete eher kurz ist. Mit

(6.7-3) findet man

$$E\{T\} = \int\limits_0^\infty \tau f_T(\tau)\, d\tau = \frac{1}{\lambda} \qquad\qquad (9.2\text{-}5)$$

und mit (6.7-4)

$$D^2\{T\} = \frac{1}{\lambda^2}.$$

Bei gegebener mittlerer Ankunftsrate λ ist die mittlere Differenz zwischen den Ankunftszeiten zweier aufeinanderfolgender Pakete $\frac{1}{\lambda}$.

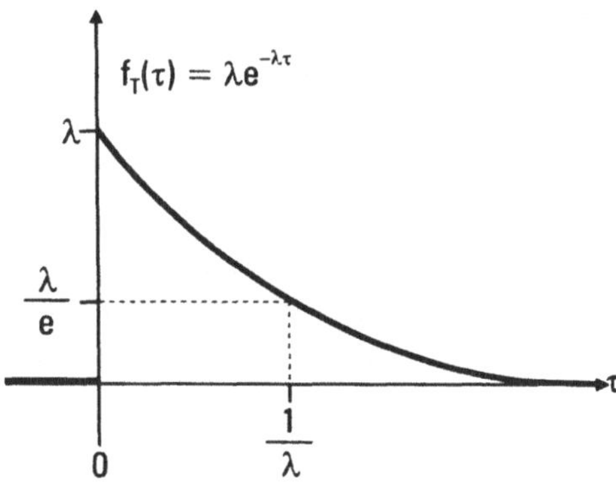

Bild 9.2-3: Dichte der Exponentialverteilung

Folgerung:

Unterliegen die Ankunftszeitpunkte der Pakete an einem Knoten einer Poissonverteilung, ist die Zeitdifferenz T zwischen den Ankunftszeiten zweier aufeinanderfolgender Pakete exponentialverteilt.

Der Poissonprozeß $X(t)$ besitzt noch eine weitere wichtige Eigenschaft:

Wir denken uns M stochastisch unabhängige an einem Knoten eintreffende Paketströme, die die mittleren Ankunftsraten $\lambda_1, \lambda_2, \ldots, \lambda_M$ besitzen. Die Zusammenfassung der Paketströme ist dann wieder ein poissonscher Paketstrom mit der mittleren Ankunftsrate $\lambda = \sum_{m=1}^{M} \lambda_m$.

In paketvermittelnden Netzen tritt diese Situation ein, wenn mehrere unabhängige Übertragungswege an einem Knoten eintreffen.

Man macht sich den Zusammenhang einfach klar:

$N^{(m)}(t, t + \Delta t)$ sei die Anzahl der im Intervall $(t, t + \Delta t)$ auf dem m-ten Weg ankommenden Pakete und $N(t, t + \Delta t)$ sei die Gesamtzahl der ankommenden Pakete. Dann gilt wegen der Unabhängigkeit der Paketströme

$$P\{N(t, t + \Delta t) = 0\} = \prod_{m=1}^{M} P\{N^{(m)}(t, t + \Delta t) = 0\}$$

$$= \prod_{m=1}^{M} [1 - \lambda_m \Delta t + o(\Delta t)]$$

$$= 1 - \lambda \Delta t + o(\Delta t)$$

mit $\lambda = \sum_{m=1}^{M} \lambda_m$. Ähnlich ergibt sich

$$P\{N(t, t + \Delta t) = 1\} = \lambda \Delta t + o(\Delta t).$$

Summen unabhängiger Poissonprozesse bilden also wiederum Poissonprozesse.

9.3   Markoffprozesse und Markoffketten

$X(t)$ sei ein stochastischer Prozeß. Wie wir in Kapitel 9.2 für Poissonprozesse gesehen haben, besteht zwischen den Zufallsvariablen $X(t_i)$ und $X(t_k)$ des stochastischen Prozesses im allgemeinen ein Zusammenhang. Für technische Vorgänge spielen die Markoffprozesse eine wichtige Rolle.

Definition 9.3-1

$X(t)$ *heißt* **Markoffscher Prozeß,** *wenn*

$$P\{X(t_{m+1}) \leq x_{m+1} | X(t_m) \leq x_m, \ldots, X(t_{m-k}) \leq x_{m-k}\}$$

$$= P\{X(t_{m+1}) \leq x_{m+1} | X(t_m) \leq x_m\} \quad (9.3\text{-}1)$$

für jedes m und jedes k sowie beliebige Zeitpunkte $t_{m-k} < t_{m-k+1} < \cdots < t_{m+1}$ gilt.

Bemerkung:

Anschaulich gesehen hat für einen Markoffschen Prozeß die Vergangenheit keinen Einfluß auf die Zukunft des Prozeßverlaufs, wenn die Gegenwart bekannt ist.

Wir wollen uns hier auf die Betrachtung der für die Praxis besonders wichtigen Markoffketten, bei denen es sich um stochastische Prozesse mit diskreter **Zustandsmenge** $Z = \{1, 2, \ldots, i, i+1, \ldots\}$ und diskreter **Zeitparametermenge** $T = \{t_0, t_1, t_2, \ldots, t_m, t_{m+1}, \ldots\}$ handelt, konzentrieren. Für die betrachteten Zeitpunkte, die **nicht** äquidistant sein müssen, gelte

$$0 \leq t_0 < t_1 < t_2 < \cdots < t_m < t_{m+1} < \cdots .$$

Definition 9.3-2

Der zustands- und zeitdiskrete stochastische Prozeß $X(t)$ heißt **Markoffkette,** *wenn*

$$P\{X(t_{m+1}) = i_{m+1} | X(t_m) = i_m, \ldots, X(t_0) = i_0\}$$
$$= P\{X(t_{m+1}) = i_{m+1} | X(t_m) = i_m\} \quad (9.3\text{-}2)$$

$\forall\, m > 2$ *und* $\forall\, i_0, i_1, \ldots, i_{m+1} \in Z$ *gilt.*

Bemerkung:

Auch hier gilt: Die Zukunft einer Markoffkette hängt nicht von der Vergangenheit sondern nur von der Gegenwart ab.

Definition 9.3-3

$X(t)$ sei eine Markoffkette und $t_m, t_{m+k} \in T$ seien zwei Zeitpunkte. Dann heißen die bedingten Wahrscheinlichkeiten

$$P\{X(t_{m+k}) = j | X(t_m) = i\} = p_{ij}(t_m, t_{m+k}) \quad (9.3\text{-}3)$$

Übergangswahrscheinlichkeiten k-ter Stufe.

Wenn die Zustandsmenge $Z = \{1, 2, \ldots, N\}$ endlich ist, lassen sich die Übergangswahrscheinlichkeiten zwischen den beliebigen Zeitpunkten $t_m <$

t_{m+k} in eine Matrix eintragen:

$$\overline{P}(t_m, t_{m+k}) = \begin{bmatrix} p_{11}(t_m, t_{m+k}) & \cdots & p_{1N}(t_m, t_{m+k}) \\ p_{21}(t_m, t_{m+k}) & \cdots & p_{2N}(t_m, t_{m+k}) \\ \vdots & & \vdots \\ p_{N1}(t_m, t_{m+k}) & \cdots & p_{NN}(t_m, t_{m+k}) \end{bmatrix}$$

Definition 9.3-4

Die Markoffkette $X(t)$ heißt **homogen,** *wenn für beliebige Zustände i, j und beliebige Zeitpunkte t_m, t_{m+1} die Übergangswahrscheinlichkeiten $p_{ij}(t_m, m+1) = p_{ij}$ nicht von der Zeit abhängen.*

Für den Rest dieses Abschnitts werden die Endlichkeit der Zustandsmenge Z und die Homogenität der Markoffkette $X(t)$ vorausgesetzt.

Die Übergangswahrscheinlichkeiten einer homogenen Markoffkette sind zeitunabhängig. Die Übergangsmatrix einer homogenen Markoffkette mit endlicher Zustandsmenge ist dann

$$\overline{P} = \begin{bmatrix} p_{11} & p_{12} & \cdots & p_{1N} \\ p_{21} & p_{22} & \cdots & p_{2N} \\ \vdots & \vdots & & \vdots \\ p_{N1} & p_{N2} & \cdots & p_{NN} \end{bmatrix}.$$

In der Übergangsmatrix stehen Wahrscheinlichkeiten p_{ij}, also folgt $p_{ij} \geq 0$ $\forall i, j$.

Darüber hinaus ist p_{ij} die Wahrscheinlichkeit dafür, daß die homogene Markoffkette $X(t)$ vom Zustand i in den Zustand j übergeht. Befindet sich $X(t)$ im Zustand i, **muß** der Prozeß in irgendeinen der endlich vielen Zustände $Z = \{1, 2, \ldots, N\}$ übergehen, d.h. es gilt

$$\sum_{j=1}^{N} p_{ij} = 1 \qquad \forall i.$$

Mit anderen Worten: Die Zeilensumme von $\overline{P}$ ist 1 für alle Zeilen.

Definition 9.3-5

Eine $(N \times N)$-Matrix $\overline{P} = [p_{ij}]$, für deren Elemente

$$p_{ij} \geq 0 \quad \forall i,j \quad und \quad \sum_{j=1}^{N} p_{ij} = 1 \quad \forall i$$

gelten, heißt **stochastische Matrix**. *Ihre Zeilenvektoren sind* **stochastische Vektoren**.

Wir interpretieren für den Rest des Kapitels t als diskreten Zeitparameter, d.h. $t \in \mathbb{N} \cup \{0\}$. Die Wahrscheinlichkeitsverteilung der Zufallsvariablen $X(t)$ ist gegeben durch

$$P(X(t) = i) = p_i(t), \qquad i = 1, 2, \ldots, N.$$

Da sich die homogene Markoffkette zum Zeitpunkt t mit Sicherheit in irgendeinem der Zustände $1, 2, \ldots, N$ befindet, gilt

$$\sum_{i=1}^{N} p_i(t) = 1.$$

Die Wahrscheinlichkeiten $p_i(t)$ können zu dem stochastischen Vektor

$$\vec{p}(t) = (p_1(t), p_2(t), \ldots, p_N(t))^T$$

zusammengefaßt werden.

$\vec{p}(t)$ ist zeitabhängig. Wir nehmen an, daß $\vec{p}(t)$ und die Übergangsmatrix $\overline{P}$ bekannt sind. Es soll $\vec{p}(t+1)$ bestimmt werden (siehe Bild 9.3-1).

Befindet sich die homogene Markoffkette $X(t)$ zum Zeitpunkt t im Zustand i, wird sie sich mit der Wahrscheinlichkeit

$$p_i(t) \cdot p_{ij}$$

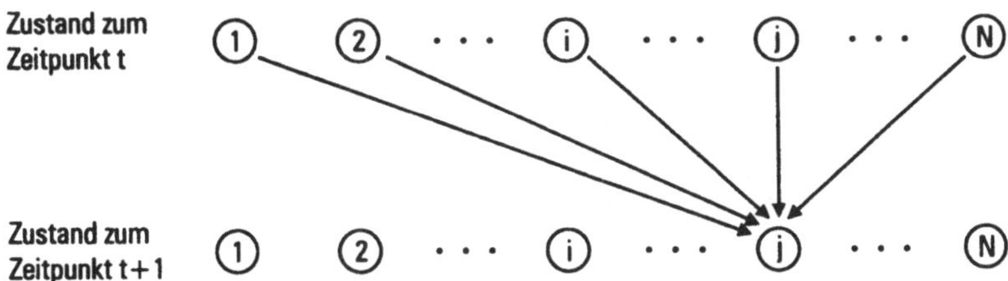

Bild 9.3-1: Zustandsübergang einer homogenen Markoffkette

zum Zeitpunkt $t+1$ im Zustand j befinden. Über die Zustandsverteilung $\vec{p}(t) = (p_1(t), p_2(t), \ldots, p_N(t))^T$ betrachtet, ergibt sich so

$$p_j(t+1) = \sum_{i=1}^{N} p_i(t) p_{ij}, \qquad j = 1, 2, \ldots, N,$$

oder in Vektorschreibweise

$$\vec{p}^T(t+1) = \vec{p}^T(t) \overline{P}. \tag{9.3-4}$$

Durch mehrfache Anwendung der oben genannten Überlegungen ergibt sich

$$\vec{p}^T(t+k) = \vec{p}^T(t) \overline{P}^k.$$

Eine homogene Markoffkette $X(t)$ ist also durch ihre Anfangsverteilung $\vec{p}(0)$ und die Übergangsmatrix $\overline{P}$ bestimmt:

$$\vec{p}^T(k) = \vec{p}^T(0) \overline{P}^k \tag{9.3-5}$$

Offensichtlich gilt der

Satz 9.3-1

Sind $\overline{A}$ und $\overline{B}$ stochastische Matrizen, ist auch $\overline{C} = \overline{A} \cdot \overline{B}$ eine stochastische Matrix.

Folgerung:

Da die Übergangsmatrix $\overline{P}$ eine stochastische Matrix ist, sind auch ihre Potenzen $\overline{P}^k$ stochastische Matrizen.

Wir wollen nun homogene Markoffketten mit bewerteten Graphen beschreiben:

Definition 9.3-6

Ein gerichteter Graph ist ein Mengenpaar (B_G, F_G), wobei $B_G \neq \emptyset$ eine Zustandsmenge und $F_G \subseteq B_G \times B_G$ eine Menge von Übergängen ist. Wird jedem Übergang eine Übergangswahrscheinlichkeit p_{ij} mit

$$0 \leq p_{ij} \leq 1, \qquad \sum_j p_{ij} = 1$$

zugeordnet, entsteht ein bewerteter Graph, der Übergangsgraph einer homogenen Markoffkette.

Bemerkung:

Jede homogene Markoffkette kann als Irrfahrt auf einem bewerteten Graphen interpretiert werden.

Beispiele [Web92]:

(i) Bild 9.3-2 zeigt den Übergangsgraphen einer homogenen Markoffkette mit der Zustandsmenge $Z = \{1, 2, 3\}$ und der Übergangsmatrix

$$\overline{P} = \begin{bmatrix} 0{,}5 & 0{,}25 & 0{,}25 \\ 0 & 0{,}5 & 0{,}5 \\ 0{,}3 & 0{,}7 & 0 \end{bmatrix} .$$

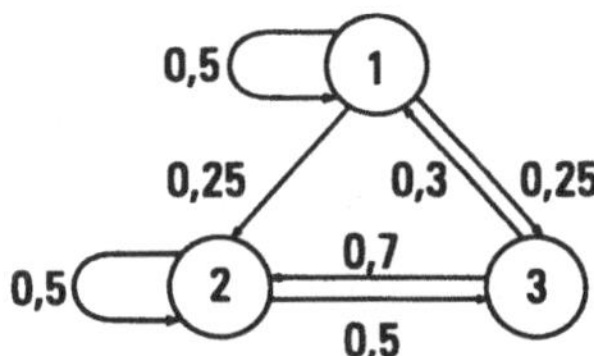

Bild 9.3-2: Übergangsgraph einer homogenen Markoffkette (nach [Web92])

(ii) Auf den diskreten Punkten $1, 2, \ldots, 5$ der Zahlengeraden bewegt sich ein Teilchen pro Zeiteinheit mit der Wahrscheinlichkeit $p = 0{,}6$ nach rechts und mit der Wahrscheinlichkeit $1 - p = 0{,}4$ nach links. Erreicht das Teilchen die Punkte 1 oder 5, ist die Irrfahrt beendet.

Bestimme $\vec{p}(3)$, wenn $\vec{p}(0) = (0, 1, 0, 0, 0)^T$ ist, d.h. die Irrfahrt im Zustand 2 beginnt.

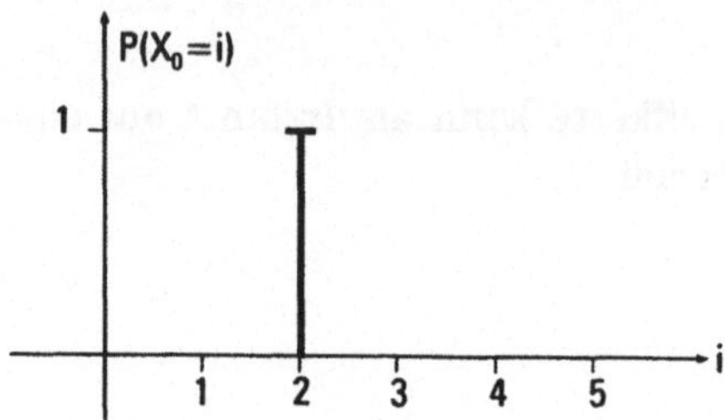

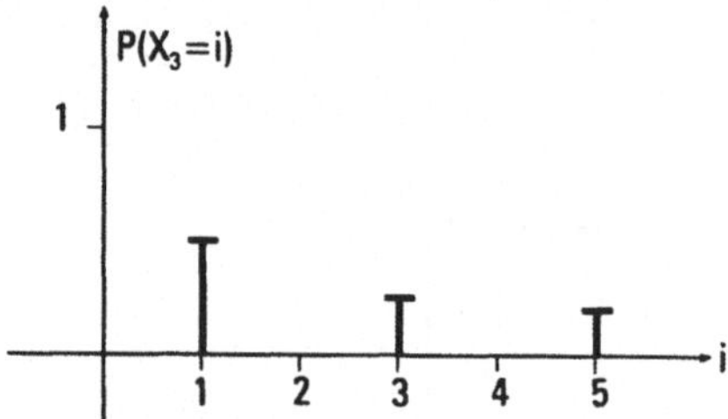

Bild 9.3-3: Wahrscheinlichkeitsverteilungen einer homogenen Markoffkette für $t_1 = 0$ und $t_2 = 3$ (nach [Web92])

Es gilt

$$\overline{P} = \begin{bmatrix} 1 & 0 & 0 & 0 & 0 \\ 0{,}4 & 0 & 0{,}6 & 0 & 0 \\ 0 & 0{,}4 & 0 & 0{,}6 & 0 \\ 0 & 0 & 0{,}4 & 0 & 0{,}6 \\ 0 & 0 & 0 & 0 & 1 \end{bmatrix}$$

und daraus folgt

$$\overline{P}^3 = \begin{bmatrix} 1 & 0 & 0 & 0 & 0 \\ 0{,}496 & 0 & 0{,}288 & 0 & 0{,}216 \\ 0{,}16 & 0{,}192 & 0 & 0{,}288 & 0{,}36 \\ 0{,}064 & 0 & 0{,}192 & 0 & 0{,}744 \\ 0 & 0 & 0 & 0 & 1 \end{bmatrix} .$$

Damit ergibt sich

$$\vec{p}^{T}(3) = \vec{p}^{T}(0)\overline{P}^{3} = (0{,}496;\, 0;\, 0{,}288;\, 0;\, 0{,}216).$$

Bild 9.3-3 zeigt die Wahrscheinlichkeitsverteilungen für $t_1 = 0$ und $t_2 = 3$.

Wir wollen uns im folgenden mit absorbierenden homogenen Markoffketten beschäftigen.

Definition 9.3-7

Ein **Zustand** *i heißt* **absorbierend**, *wenn $p_{ii} = 1$ gilt. Die Menge R der absorbierenden Zustände heißt* **Rand**. *$Z - R$ ist die Menge der* **inneren Zustände**. *Eine* **Markoffkette** *heißt* **absorbierend**, *wenn $R \neq \emptyset$ und R von jedem inneren Zustand aus erreichbar ist.*

Es gilt der

Satz 9.3-2

Für eine absorbierende Markoffkette endet die Irrfahrt in einem Zustand des Randes R.

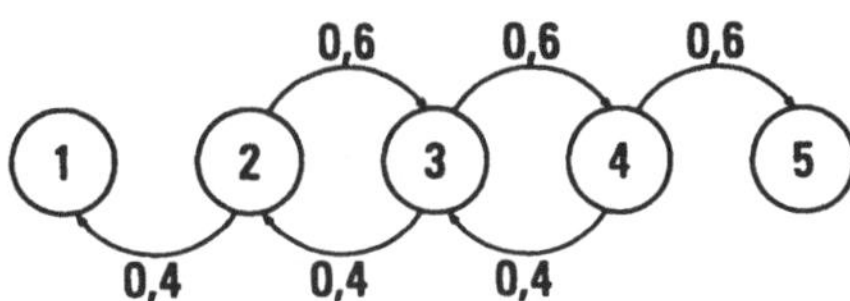

Bild 9.3-4: Übergangsgraph einer homogenen Markoffkette (nach [Web92])

Beispiel [Web92]:   Für die homogene Markoffkette aus dem vorigen Beispiel zeigt Bild 9.3-4 den Übergangsgraphen. Es sind

$$R = \{1, 5\} \quad \text{der Rand und}$$

$$Z - R = \{2, 3, 4\} \quad \text{die Menge der inneren Zustände.}$$

Wir interessieren uns nun für die Wahrscheinlichkeit dafür, daß die Irrfahrt in einer Teilmenge $U \subset R$ des Randes endet, sowie für die mittlere Dauer der Irrfahrt bis zur Absorption im Rand R.

Dazu bezeichnen wir

mit P_i: die Wahrscheinlichkeit vom Zustand i aus in U absorbiert zu werden,

mit m_i: die mittlere Dauer der Irrfahrt vom Zustand i bis zur Absorption im Rand R.

Für P_i ergibt sich

$$P_i = \sum_{k=1}^{N} p_{ik} P_k, \tag{9.3-6}$$

wobei p_{ik} die Übergangswahrscheinlichkeit vom Zustand i in den Nachbarzustand k angibt. Auf dem Rand R ist $P_k = 1 \ \forall \ k \in U$ und $P_k = 0$ $\forall \ k \in R - U$.

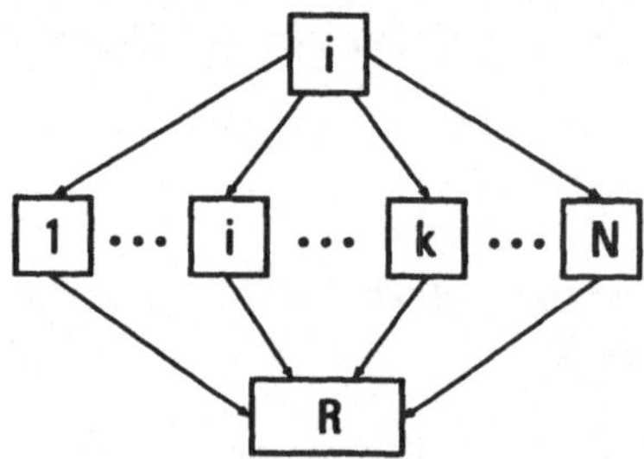

Bild 9.3-5: Zur mittleren Dauer einer Irrfahrt (nach [Web92])

Die mittlere Dauer m_i der Irrfahrt von einem Zustand $i \notin R$ aus bis zur Absorption im Rand ist um 1 größer als das gewichtete Mittel der mittleren Irrfahrtsdauern von allen Zuständen aus ($m_i = 0$ für $i \in R$):

$$m_i = 1 + \sum_{k=1}^{N} p_{ik} m_k \tag{9.3-7}$$

Die Gültigkeit von (9.3-7) ist aus Bild 9.3-5 sofort ableitbar.

Beispiel [Web92]:

Ein Spieler besitzt 1 €. Er nimmt an einem Glücksspiel, das ihn mit der Wahrscheinlichkeit 0,5 den doppelten Einsatz gewinnen läßt, teil. Er will das Spiel beenden, wenn er 5 € besitzt, und setzt in jeder Runde so viel, daß er seinem Ziel möglichst nahe kommt.

a) Mit welcher Wahrscheinlichkeit erreicht der Spieler sein Ziel?

b) Wie lange ist die mittlere Spieldauer?

Lösung:

a) Bild 9.3-6 zeigt den Übergangsgraphen der zur Aufgabe gehörenden homogenen Markoffkette. In den Knoten steht der jeweilige Kapitalzustand des Spielers, die Übergangswahrscheinlichkeiten sind alle 0,5. Es ist

$$R = \{0,5\} \quad \text{und} \quad U = \{5\}.$$

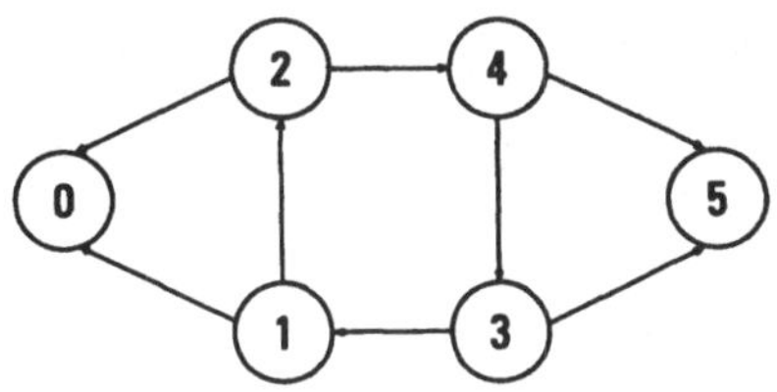

Bild 9.3-6: Übergangsgraph einer homogenen Markoffkette (nach [Web92])

Ist P_i die Wahrscheinlichkeit dafür, daß der Spieler vom Zustand i aus sein Ziel (5 €) erreicht, erhält man mit (9.3-6):

$$P_5 = 1; P_0 = 0$$
$$P_1 = 0{,}5 \cdot P_2$$
$$P_2 = 0{,}5 \cdot P_4$$
$$P_3 = 0{,}5 \cdot 1 + 0{,}5 \cdot P_1$$
$$P_4 = 0{,}5 \cdot 1 + 0{,}5 \cdot P_3$$

$$\Rightarrow P_4 = 0{,}5 + 0{,}5[0{,}5 + 0{,}5 \cdot P_1] = 0{,}75 + 0{,}25 \cdot P_1$$
$$\Rightarrow P_2 = 0{,}5 \cdot 0{,}75 + 0{,}5 \cdot 0{,}25 \cdot P_1 = 0{,}375 + 0{,}125 \cdot P_1$$
$$\Rightarrow P_1 = 0{,}5 \cdot 0{,}375 + 0{,}5 \cdot 0{,}125 \cdot P_1$$
$$\Leftrightarrow P_1 = \frac{0{,}5 \cdot 0{,}375}{1 - 0{,}5 \cdot 0{,}125} = 0{,}2$$

Der Spieler erreicht sein Ziel mit der Wahrscheinlichkeit 0,2.

b) m_i sei die mittlere Dauer des Spiels vom Zustand i aus. Mit $m_0 =$

$m_5 = 0$ ergibt sich mit (9.3-7):

$$m_1 = 1 + 0{,}5 \cdot m_2$$

$$m_2 = 1 + 0{,}5 \cdot m_4$$

$$m_3 = 1 + 0{,}5 \cdot m_1$$

$$m_4 = 1 + 0{,}5 \cdot m_3$$

$$\Rightarrow m_2 = 1 + 0{,}5[1 + 0{,}5 \cdot m_3] = 1{,}5 + 0{,}25 \cdot m_3$$

$$\Rightarrow m_2 = 1{,}5 + 0{,}25[1 + 0{,}5 \cdot m_1] = 1{,}75 + 0{,}125 \cdot m_1$$

$$\Rightarrow m_1 = 1 + 0{,}5[1{,}75 + 0{,}125 \cdot m_1] = 1{,}875 + 0{,}0625 \cdot m_1$$

$$\Leftrightarrow m_1 = \frac{1{,}875}{1 - 0{,}0625} = 2$$

Die mittlere Dauer eines Spiels ist 2 Runden.

9.4   Zyklostationäre Prozesse

Digital modulierte Signale werden häufig durch stochastische Prozesse modelliert, deren Scharmittelwerte (zeitlich) periodisch sind.

Wir betrachten dazu einen stochastischen Prozeß

$$Z(t) = \sum_{n=-\infty}^{\infty} A(nT)g(t - nT). \tag{9.4-1}$$

Darin ist $\{A(nT)\}$ ein stationärer zeitdiskreter komplexwertiger Prozeß mit $m_A = E\{A(nT)\} \; \forall \, nT$ und der Autokorrelationsfunktion (vergleiche (8.3-2) und (8.6-2))

$$\varphi_{AA}(kT) = E\{A(nT)A^*((n + k)T)\}.$$

$\{A(nT)\}$ ist die Folge von Symbolen, die übertragen werden soll, und $\frac{1}{T}$ ist die Symbolübertragungsrate. $g(t)$ ist ein reeller deterministischer Impuls.

Wir bestimmen Erwartungswert und Autokorrelationsfunktion von $Z(t)$:

$$E\{Z(t)\} = \sum_{n=-\infty}^{\infty} E\{A(nT)\}g(t-nT)$$

$$= m_A \sum_{n=-\infty}^{\infty} g(t-nT)$$

$$\varphi_{ZZ}(t,t+\tau) = E\{Z(t)Z^*(t+\tau)\}$$

$$= \sum_{n=-\infty}^{\infty} \sum_{m=-\infty}^{\infty} E\{A(mT)A^*(nT)\}$$

$$\cdot g(t-mT)g(t+\tau-nT)$$

$$= \sum_{n=-\infty}^{\infty} \sum_{m=-\infty}^{\infty} \varphi_{AA}((n-m)T)$$

$$\cdot g(t-mT)g(t+\tau-nT)$$

Es gelten

(i) $E\{Z(t+kT)\} = E\{Z(t)\}$ $\qquad \forall k \in \mathbf{Z}$ $\qquad$ und

(ii) $\varphi_{ZZ}(t+kT, t+\tau+kT) = \varphi_{ZZ}(t,t+\tau)$ $\qquad \forall k \in \mathbf{Z}.$

Folgerung: Sowohl $E\{Z(t)\}$ als auch $\varphi_{ZZ}(t,t+\tau)$ sind mit T periodisch.

Definition 9.4-1

Ein stochastischer Prozeß $Z(t)$, dessen Erwartungswert und dessen Autokorrelationsfunktion periodisch mit derselben Periode T sind, heißt (schwach) **zyklostationär**.

Bemerkung:

Die Autokorrelationsfunktion zyklostationärer Prozesse $\varphi_{ZZ}(t,t+\tau)$ hängt von $t+\tau$ **und** t ab!

Soll ein zyklostationärer Prozeß durch ein Leistungsdichtespektrum charakterisiert werden, wird die über eine Periode gemittelte Autokorrelationsfunktion

$$\overline{\varphi}_{ZZ}(\tau) = \frac{1}{T} \int\limits_{-\frac{T}{2}}^{\frac{T}{2}} \varphi_{ZZ}(t, t+\tau)\, dt \qquad\qquad (9.4\text{-}2)$$

berechnet und fouriertransformiert. Die Mittelwertbildung in (9.4-2) elimi-niert die Zeitabhängigkeit. Die Fouriertransformierte von $\overline{\varphi}_{ZZ}(\tau)$

$$\overline{\Phi}_{ZZ}(f) = \int\limits_{-\infty}^{\infty} \overline{\varphi}_{ZZ}(\tau) e^{-j2\pi f \tau}\, d\tau \qquad\qquad (9.4\text{-}3)$$

liefert das **mittlere Leistungsdichtespektrum** des zyklostationären Pro-zesses $Z(t)$.

9.5　Übungsaufgaben

Aufgabe 9.1

Gegeben sei der stochastische Prozeß $X(t)$ mit

$$X(t) = N(t)\cos(2\pi f_0 t) + M(t)\sin(2\pi f_0 t),$$

wobei f_0 eine reelle Konstante und $N(t)$ und $M(t)$ unkorrelierte, weiße Gaußsche Rauschprozesse sind. Es gilt $\Phi_{NN}(f) = \Phi_{MM}(f) = 1$ für alle f.

a)　Geben Sie die Autokorrelationsfunktion von $X(t)$ an.

b)　Ist $X(t)$ (schwach) stationär?

Da $N(t)$ und $M(t)$ weiße Gaußsche Rauschprozesse sind, sind sie mittel-wertfrei (Kapitel 9.1).

a) $\varphi_{XX}(t_1, t_2) = E\left\{(N(t_1)\cos(2\pi f t_1) + M(t_1)\sin(2\pi f t_1))\right.$

$$\cdot (N(t_2)\cos(2\pi f t_2) + M(t_2)\sin(2\pi f t_2)))\}$$

$$= E\left\{N(t_1)N(t_2)\right\}\cos(2\pi f t_1)\cos(2\pi f t_2)$$

$$+ E\left\{N(t_1)M(t_2)\right\}\cos(2\pi f t_1)\sin(2\pi f t_2)$$

$$+ E\left\{M(t_1)N(t_2)\right\}\sin(2\pi f t_1)\cos(2\pi f t_2)$$

$$+ E\left\{M(t_1)M(t_2)\right\}\sin(2\pi f t_1)\sin(2\pi f t_2)$$

N, M sind unkorreliert und mittelwertfrei

$$\Rightarrow E\left\{M(t_1)N(t_2)\right\} = \varphi_{MN}(t_1, t_2) = 0$$

$$\varphi_{XX}(t_1, t_2) = E\left\{N(t_1)N(t_2)\right\} \cdot \cos(2\pi f t_1)\cos(2\pi f t_2)$$

$$+ E\left\{M(t_1)M(t_2)\right\} \cdot \sin(2\pi f t_1) \cdot \sin(2\pi f t_2)$$

$$\Phi_{NN}(f) = \Phi_{MM}(f) = 1 \text{ für alle } f$$

$$\Rightarrow \varphi_{NN}(\tau) = \varphi_{MM}(\tau) = \delta(\tau)$$

$$\varphi_{XX}(t_1, t_2) = \delta(\tau)\left[\frac{1}{2} \cdot (\cos(2\pi f(t_2 - t_1)) + \cos(2\pi f(t_2 + t_1)))\right]$$

$$+ \delta(\tau) \cdot \left[\frac{1}{2} \cdot (\cos(2\pi f(t_2 - t_1)) - \cos(2\pi f(t_2 + t_1)))\right]$$

$$= \delta(\tau)\cos(2\pi f \tau)$$

b) $E\left\{X(t)\right\} = \underbrace{E\left\{N(t)\right\}}_{=0}\cos(2\pi f t) + \underbrace{E\left\{M(t)\right\}}_{=0}\sin(2\pi f t)$

$$= 0$$

Aus a) und b) folgt, daß $X(t)$ (schwach) stationär ist.

Aufgabe 9.2 [Bei97]

Es sei bekannt, daß die Anzahl $X(t)$ der Störungen in einem Rechnernetz im Intervall $[0, t)$ einem Poissonprozeß mit der mittleren Ankunftsrate $\lambda = 0{,}25$ $[\mathrm{h}^{-1}]$ folgt.

a) Mit welcher Wahrscheinlichkeit tritt in den ersten 8 Stunden höchstens eine Störung auf?

b) Wie groß ist die Wahrscheinlichkeit, daß das Rechnernetz 10 Stunden ohne Störung funktioniert?

c) Die Folge von Zufallsvariablen T_n ($n = 1, 2, 3, \ldots$), beschreibt den zufälligen Zeitpunkt, an dem die n-te Störung stattfindet. Man berechne die Dichte von T_n.

d) Mit welcher Wahrscheinlichkeit tritt die dritte Störung nach 8 Stunden auf?

---

a) Für das Auftreten höchstens einer Störung in den ersten acht Stunden ergibt sich mit $\lambda = 0{,}25$ $[\mathrm{h}^{-1}]$:

$$P(X(8) \leq 1) = P(X(8) = 0) + P(X(8) = 1)$$

$$= \frac{(\lambda 8)^0}{0!} \cdot \exp\left\{-\lambda 8\right\} + \frac{(\lambda 8)^1}{1!} \cdot \exp\left\{-\lambda 8\right\} \approx 0{,}406$$

b) 10 Stunden ohne Störung:

$$P(X(10) = 0) = \frac{(\lambda 10)^0}{0!} \cdot \exp\left\{-\lambda 10\right\}$$

$$= 1 \cdot \exp\left\{-\lambda 10\right\} \approx 0{,}0821$$

c) Das Ereignis $T_n \leq t$ tritt dann ein, wenn $X(t) \geq n$ ist.

$$P(T_n \leq t) = P(X(t) \geq n)$$

Für die Verteilungsfunktion von T_n ergibt sich daraus:

$$F_{T_n}(t) = P(X(t) \geq n)$$

$$= \sum_{i=n}^{\infty} \frac{(\lambda t)^i}{i!} \cdot \exp(-\lambda t); \quad n = 1, 2, \ldots$$

Für die Dichte von T_n ergibt sich nach Ableitung:

$$f_{T_n}(t) = \frac{dF_{T_n}(t)}{dt} =$$

$$= \lambda \cdot \exp(-\lambda t) \cdot \sum_{i=n}^{\infty} \frac{(\lambda t)^{i-1}}{(i-1)!} - \lambda \cdot \exp(-\lambda t) \cdot \sum_{i=n}^{\infty} \frac{(\lambda t)^i}{i!}$$

$$= \lambda \cdot \frac{(\lambda t)^{n-1}}{(n-1)!} \cdot \exp(-\lambda t); \quad t \geq 0, \ n = 1, 2, \ldots,$$

das ist die **Erlangdichte** der Ordung n.

d) $\qquad P(T_3 > 8) = 1 - F_{T_3}(8) = P(X(8) < 3)$

$$= e^{-0,25 \cdot 8} \left(\sum_{i=0}^{2} \frac{(0,25 \cdot 8)^i}{i!} \right)$$

$$= e^{-2} \left(1 + \frac{2^1}{1!} + \frac{2^2}{2!} \right) = 5 \cdot e^{-2} \approx 0,677$$

Aufgabe 9.3

Gegeben ist der Poissonprozeß $X(t)$ mit dem Parameter λ, der die Anzahl der Ereignisse im Intervall $[0, t)$ beschreibt. Zu zeigen ist folgende Behauptung:

Die Wahrscheinlichkeiten, daß im Intervall $[0, s)$ genau i Ereignisse auftreten unter der Bedingung, daß im Intervall $[0, t), t > s$ genau n Ereignisse eintreten für $i = 1, 2, \ldots, n$ genügen einer Binomialverteilung mit den Parametern $p = \frac{s}{t}$ und n.

$$P(X(s) = i | X(t) = n) = \frac{P(X(s) = i, X(t) = n)}{P(X(t) = n)}$$

$$= \frac{P(X(s) = i, X(t) - X(s) = n - i)}{P(X(t) = n)}$$

$$= \frac{P(X(s) = i)P(X(t) - X(s) = n - i)}{P(X(t) = n)}$$

$$= \frac{\frac{(\lambda s)^i}{i!} \cdot e^{-\lambda s} \frac{[\lambda(t-s)]^{n-i}}{(n-i)!} \cdot e^{-\lambda(t-s)}}{\frac{(\lambda t)^n}{n!} \cdot e^{-\lambda t}}$$

$$= \binom{n}{i}\left(\frac{s}{t}\right)^i \cdot \left(1 - \frac{s}{t}\right)^{n-i} ; \quad i = 0, 1, \ldots, n$$

Aufgabe 9.4

Die Anzahl der Unfälle in einem Werk kann durch einen Poissonprozeß mit $\lambda = 3$ pro Jahr modelliert werden.

a) Mit welcher Wahrscheinlichkeit treten im ersten Halbjahr des nächsten Jahres mindestens zwei Unfälle ein?

b) Man berechne die gleiche Wahrscheinlichkeit wie in a) aber unter der Bedingung, daß im gesamten nächsten Jahr genau 4 Unfälle auftreten.

---

a) $P(X(0,5) \geq 2) = 1 - [P(X(0,5) = 0) + P(X(0,5) = 1)]$

$$= 1 - [e^{-1,5} + 1,5 \cdot e^{-1,5}] \approx 0,442$$

b) $P(X(0,5) \geq 2 | X(1) = 4)$

$$= 1 - [P(X(0,5) = 0 | X(1) = 4) + P(X(0,5) = 1 | X(1) = 4)]$$

mit Aufgabe 9.3

$$= 1 - \left[\binom{4}{0} \cdot (0,5)^0 \cdot (0,5)^4 + \binom{4}{1} \cdot (0,5)^1 \cdot (0,5)^3\right]$$

$$= 1 - [(0,5)^4 + 4 \cdot (0,5)^4] = 0,6875$$

Aufgabe 9.5

Folgendes Experiment soll mit Hilfe einer homogenen Markoffkette untersucht werden:

Es wird so lange mit einem idealen Würfel gewürfelt, bis alle Augenzahlen mindestens einmal aufgetreten sind.

a) Man zeichne den zugehörigen Übergangsgraphen und gebe die Übergangsmatrix an.

b) Wie oft muß im Mittel gewürfelt werden, bis das Experiment beendet ist?

---

a) Zustand i: Es wurden i verschiedene Augenzahlen gewürfelt. Wurden schon $i - 1$ Zahlen gewürfelt sind für den Übergang nach i genau $6 - (i - 1)$ Zahlen günstig:

$$p_{i-1,i} = \frac{6 - i + 1}{6}; \quad p_{i,i} = \frac{i}{6}$$

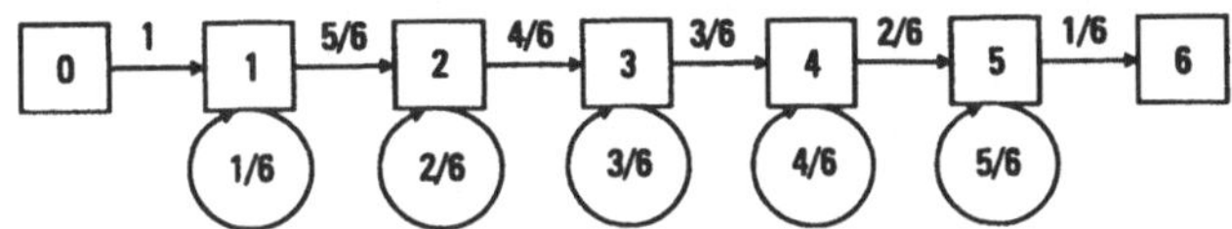

Bild 9.5-1: Übergangsgraph

Die Übergangsmatrix ergibt sich zu:

$$P = \begin{bmatrix}
0 & 1 & 0 & 0 & 0 & 0 & 0 \\
0 & 1/6 & 5/6 & 0 & 0 & 0 & 0 \\
0 & 0 & 2/6 & 4/6 & 0 & 0 & 0 \\
0 & 0 & 0 & 3/6 & 3/6 & 0 & 0 \\
0 & 0 & 0 & 0 & 4/6 & 2/6 & 0 \\
0 & 0 & 0 & 0 & 0 & 5/6 & 1/6 \\
0 & 0 & 0 & 0 & 0 & 0 & 1
\end{bmatrix}$$

b) Gesucht: m_0 mit (9.3-7):

$$m_0 = 1 + \sum_{k=0}^{6} p_{0k} \cdot m_k = 1 + p_{01} \cdot m_1$$

$$m_1 = 1 + p_{11} \cdot m_1 + p_{12} \cdot m_2$$

$$m_2 = 1 + p_{22} \cdot m_2 + p_{23} \cdot m_3$$

$$m_3 = 1 + p_{33} \cdot m_3 + p_{34} \cdot m_4$$

$$m_4 = 1 + p_{44} \cdot m_4 + p_{45} \cdot m_5$$

$$m_5 = 1 + p_{55} \cdot m_5 + p_{56} \cdot m_6$$

$$m_6 = 0 \quad \text{da } 6 \in \text{Rand}$$

$$m_5 = 1 + m_5 \cdot 5/6 \Rightarrow m_5 = 6$$

$$m_4 = 1 + 4/6 \cdot m_4 + 2/6 \cdot 6 \Rightarrow m_4 = 9$$

$$m_3 = 1 + 3/6 \cdot m_3 + 3/6 \cdot 9 \Rightarrow m_3 = 11$$

$$m_2 = 1 + 2/6 \cdot m_2 + 4/6 \cdot 11 \Rightarrow m_2 = 50/4 = 12{,}5$$

$$m_1 = 1 + 1/6 \cdot m_1 + 5/6 \cdot 50/4 \Rightarrow m_1 = 137/10 = 13{,}7$$

$$\Rightarrow m_0 = 1 + 1 \cdot 13{,}7 = 14{,}7$$

Aufgabe 9.6 [Web92]

Eine Bitquelle erzeugt pro Zeiteinheit mit der Wahrscheinlichkeit $p = 0{,}6$ eine 1 und mit Wahrscheinlichkeit $q = 0{,}4$ eine 0. Der Prozeß wird gestoppt, wenn dreimal direkt hintereinander eine 1 erzeugt wurde, also durch die Bitfolge 111.

a) Bestimmen Sie den Übergangsgraphen und die Übergangsmatrix.

b) Wie groß ist die mittlere Dauer des Prozesses?

c) Der Prozeß werde nun durch eine der Bitfolgen 11 oder 00 gestoppt. Wie groß ist die Wahrscheinlichkeit, daß der Prozeß durch die Folge 11 gestoppt wird und wie lange dauert dieser Prozeß im Mittel?

a)

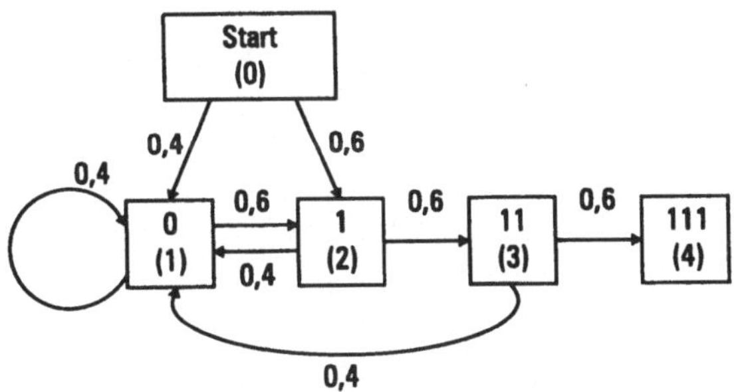

Bild 9.5-2: Übergangsgraph zu a)

Als Übergangsmatrix ergibt sich:

$$P = \begin{bmatrix} 0 & 0,4 & 0,6 & 0 & 0 \\ 0 & 0,4 & 0,6 & 0 & 0 \\ 0 & 0,4 & 0 & 0,6 & 0 \\ 0 & 0,4 & 0 & 0 & 0,6 \\ 0 & 0 & 0 & 0 & 1 \end{bmatrix}$$

b)
$$m_0 = 1 + 0,4 \cdot m_1 + 0,6 \cdot m_2$$

$$m_1 = 1 + 0,4 \cdot m_1 + 0,6 \cdot m_2$$

$$m_2 = 1 + 0,4 \cdot m_1 + 0,6 \cdot m_3$$

$$m_3 = 1 + 0,4 \cdot m_1 + 0,6 \cdot m_4$$

$$m_4 = 0 \qquad , \text{da } 4 \in \text{Rand}$$

$$m_2 = 1 + 0,4 \cdot m_1 + 0,6(1 + 0,4 \cdot m_1) = 1,6 + 0,64 \cdot m_1$$

$$m_1 = 1 + 0,4 \cdot m_1 + 0,6(1,6 + 0,64 \cdot m_1)$$

$$= 1 + 0,4 \cdot m_1 + 0,96 + 0,384 \cdot m_1$$

$$0,216 \cdot m_1 = 1,96 \quad \Rightarrow m_1 \approx 9,074$$

$$\Rightarrow m_2 \approx 7,407 \Rightarrow m_0 \approx 9,074$$

c)

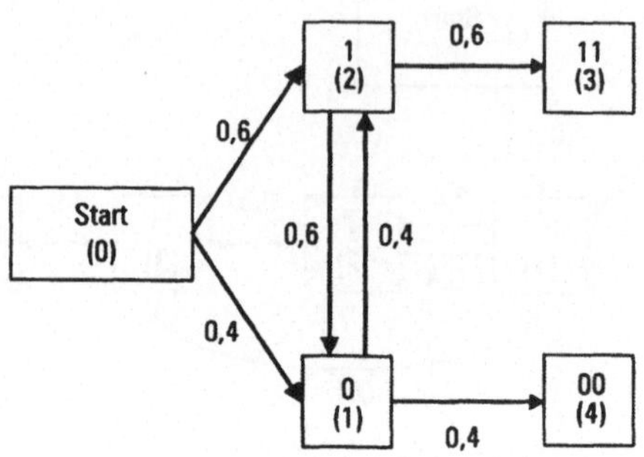

Bild 9.5-3: Übergangsgraph zu c)

Als Übergangsmatrix ergibt sich:

$$\overline{P} = \begin{bmatrix} 0 & 0,4 & 0,6 & 0 & 0 \\ 0 & 0 & 0,6 & 0 & 0,4 \\ 0 & 0,4 & 0 & 0,6 & 0 \\ 0 & 0 & 0 & 1 & 0 \\ 0 & 0 & 0 & 0 & 1 \end{bmatrix}$$

Mit (9.3-6):

$$P_4 = 0$$

$$P_3 = 1$$

$$P_0 = 0,4 \cdot P_1 + 0,6 \cdot P_2$$

$$P_1 = 0,6 \cdot P_2 + 0,4 \cdot P_4 \Rightarrow P_1 = 0,6 \cdot P_2$$

$$P_2 = 0,4 \cdot P_1 + 0,6 \cdot P_3$$

$$\Rightarrow P_2 = 0,4 \cdot P_1 + 0,6 = 0,4 \cdot (0,6 \cdot P_2) + 0,6$$

$$\Rightarrow P_2 = \frac{0,6}{0,76}$$

$$\Rightarrow P_0 = 0,4 \cdot 0,6 \cdot \frac{0,6}{0,76} + 0,6 \cdot \frac{0,6}{0,76} \approx 0,6632$$

$$m_0 = 1 + 0{,}6 \cdot m_2 + 0{,}4 \cdot m_1$$

$$m_1 = 1 + 0{,}6 \cdot m_2 + 0{,}4 \cdot m_4$$

$$m_2 = 1 + 0{,}4 \cdot m_1 + 0{,}6 \cdot m_3$$

$$m_3 = 0$$

$$m_4 = 0$$

$$\Rightarrow m_1 = 1 + 0{,}6 \cdot (1 + 0{,}4 \cdot m_1) = 1{,}6 + 0{,}24 \cdot m_1$$

$$\Rightarrow m_1 = \frac{1{,}6}{0{,}76}$$

$$m_2 = 1 + 0{,}4 \cdot \frac{1{,}6}{0{,}76} = \frac{1{,}4}{0{,}76}$$

$$m_0 = 1 + 0{,}6 \cdot \frac{1{,}4}{0{,}76} + 0{,}4 \cdot \frac{1{,}6}{0{,}76} \approx 2{,}947$$

Aufgabe 9.7

Gegeben sei der Prozeß

$$Y(t) = X(t)\cos(2\pi f_0 t)$$

wobei $X(t)$ stationär sei.

a) Man zeige, daß der Prozeß zyklostationär ist.

b) Berechnen Sie $\overline{\varphi}_{YY}(\tau)$.

c) Berechnen Sie $\overline{\Phi}_{YY}(f)$ für $\varphi_{XX}(\tau) = \delta(\tau)$.

---

a)
$$E\{Y(t)\} = E\{X(t)\cos(2\pi f_0 t)\}$$

$$= E\{X(t)\}\cos(2\pi f_0 t)$$

Mit $E\{X(t)\} = $ konstant, da $X(t)$ stationär:

$$E\{Y(t)\} = E\{X(t + kT)\}\cos(2\pi f_0(t + kT))$$

$$= E\{Y(t + kT)\}$$

$$\Rightarrow \quad \text{periodisch mit } T = \frac{1}{f_0}$$

$$\begin{aligned}
\varphi_{YY}(t, t+\tau) &= E\{Y(t)Y(t+\tau)\} \\
&= E\{X(t)\cos(2\pi f_0 t) \cdot X(t+\tau)\cos(2\pi f_0(t+\tau))\} \\
&= E\{X(t)X(t+\tau)\} \cdot \cos(2\pi f_0 t) \cdot \cos(2\pi f_0(t+\tau)) \\
&= \varphi_{XX}(t, t+\tau) \cdot \cos(2\pi f_0 t) \cdot \cos(2\pi f_0(t+\tau)) \\
&= \varphi_{XX}(t+kT, t+kT+\tau) \\
&\quad \cdot \cos(2\pi f_0(t+kT))\cos(2\pi f_0(t+kT+\tau)) \\
&= \varphi_{YY}(t+kT, t+kT+\tau)
\end{aligned}$$

Der Erwartungswert und die Autokorrelationsfunktion sind beide periodisch mit derselben Periode $T = \frac{1}{f_0} \Rightarrow Y(t)$ ist zyklostationär.

b) Mit (9.4-2) gilt für die über eine Periode gemittelte Autokorrelationsfunktion:

$$\begin{aligned}
\overline{\varphi}_{YY}(\tau) &= \frac{1}{T} \int\limits_{-\frac{T}{2}}^{\frac{T}{2}} \varphi_{YY}(t, t+\tau)\, dt \\
&= \frac{1}{T} \int\limits_{-\frac{T}{2}}^{\frac{T}{2}} \varphi_{XX}(t, t+\tau) \cdot \cos(2\pi f_0 t) \cdot \cos(2\pi f_0(t+\tau))\, dt
\end{aligned}$$

Additionstheorem

$$\begin{aligned}
&= \frac{1}{2T} \int\limits_{-\frac{T}{2}}^{\frac{T}{2}} \varphi_{XX}(\tau)(\cos(2\pi f_0 \tau) + \cos(2\pi f_0(2t+\tau)))\, dt \\
&= \frac{1}{2T} \varphi_{XX}(\tau)\left[T \cdot \cos(2\pi f_0 \tau) + \int\limits_{-\frac{T}{2}}^{\frac{T}{2}} \cos(2\pi f_0(2t+\tau))\, dt \right]
\end{aligned}$$

Mit

$$\int\limits_{-\frac{T}{2}}^{\frac{T}{2}} \cos(2\pi f_0(2t+\tau))\,dt \overset{(t'=2t+\tau)}{=} \int\limits_{-T+\tau}^{T+\tau} \frac{1}{2}\cos(2\pi f_0 t')\,dt' = 0$$

ergibt sich:

$$\overline{\varphi}_{YY}(\tau) = \frac{1}{2}\varphi_{XX}(\tau)\cos(2\pi f_0\tau).$$

c) mit (9.4-3) gilt:

$$\overline{\Phi}_{YY}(f) = \int\limits_{-\infty}^{\infty} \overline{\varphi}_{YY}(\tau)e^{-j2\pi f\tau}\,d\tau$$

$$= \frac{1}{2}\int\limits_{-\infty}^{\infty} \delta(\tau)\cos(2\pi f_0\tau)e^{-j2\pi f\tau}\,d\tau \overset{(C-2)}{=} \frac{1}{2}$$

A Begriffe aus der Kombinatorik

Eine **Permutation** Π_N ist eine Anordnung von N Elementen in einer bestimmten Reihenfolge.

Die Anzahl $|\Pi_N|$ der Permutationen N verschiedener Elemente ist

$$|\Pi_N| = N!.$$

Beispiel: Sitzordnung in einer Klasse

Befinden sich unter den N Elementen K gleiche ($K \leq N$), ist die Anzahl $\left|\Pi_N^{(K)}\right|$ der Permutationen (mit Wiederholung)

$$\left|\Pi_N^{(K)}\right| = \frac{N!}{K!}.$$

Beispiel: 16 Sitzplätze werden mit je einer Tasche belegt. 4 der 16 Taschen sind gleich. Wie viele unterscheidbare Permutationen gibt es?

Antwort: $\left|\Pi_{16}^{(4)}\right| = \dfrac{16!}{4!}$

Die Anzahl $\left|\Pi_N^{(K_1, K_2, \dots, K_M)}\right|$ der Permutationen von N Elementen, die sich in M Gruppen mit jeweils $K_1, K_2, \dots, K_M$ gleichen Elementen ($\sum_{m=1}^{M} K_m = N$) einteilen lassen, ist

$$\left|\Pi_N^{(K_1, K_2, \dots, K_M)}\right| = \frac{N!}{K_1! \cdot K_2! \cdots K_M!}.$$

Beispiel: Aus den fünf Ziffern $4, 4, 5, 5, 5$ lassen sich

$$\left|\Pi_5^{(2,3)}\right| = \frac{5!}{2!\,3!} = 10$$

verschiedene fünfstellige Zahlen bilden.

Eine **Kombination** $C_N^{(K)}$ ist eine Auswahl von K Elementen aus N Elementen ohne Beachtung der Reihenfolge.

Die Anzahl $\left|C_N^{(K)}\right|$ der Möglichkeiten, aus N verschiedenen Elementen K Elemente ohne Beachtung der Reihenfolge auszuwählen, wobei jedes der N Elemente höchstens einmal in einer Kombination auftreten darf (Kombination ohne Wiederholung), ist

$$\left|C_N^{(K)}\right| = \binom{N}{K}, \; K \le N.$$

Beispiel: Beim Lotto gibt es $\binom{49}{6}$ Möglichkeiten 6 aus 49 Zahlen anzukreuzen.

Die Anzahl $\left|\widetilde{C}_N^{(K)}\right|$ der Möglichkeiten, aus N verschiedenen Elementen K Elemente ohne Beachtung der Reihenfolge, aber bei Zulassung beliebig vieler Wiederholungen jedes der Elemente, auszuwählen, ist

$$\left|\widetilde{C}_N^{(K)}\right| = \binom{N + K - 1}{K}.$$

Beispiel: Mit K Würfeln sind

$$\left|\widetilde{C}_6^{(K)}\right| = \binom{6 + K - 1}{K}$$

verschiedene Würfe möglich. Für 2 Würfel gilt also

$$\left|\widetilde{C}_6^{(2)}\right| = \binom{7}{2} = 21.$$

Eine **Variation** $V_N^{(K)}$ ist eine Auswahl von K aus N Elementen unter Beachtung der Reihenfolge.

Die Anzahl $\left|V_N^{(K)}\right|$ der Möglichkeiten, aus N verschiedenen Elementen K unter Beachtung der Reihenfolge auszuwählen, ist

$$\left|V_N^{(K)}\right| = K!\binom{N}{K}.$$

Beispiel: 30 Personen nehmen an einer Wahlveranstaltung teil. Wieviele Möglichkeiten gibt es, einen aus einem Vorsitzenden, seinem Stellvertreter, einem 1. und einem 2. Beisitzer bestehenden Wahlvorstand zu benennen?

Antwort: $4!\binom{30}{4} = 657720$

Wenn von den N verschiedenen Elementen in einer Variation einzelne auch mehrfach auftreten dürfen, liegt eine Variation mit Wiederholung vor. Für ihre Anzahl gilt

$$\left|\widetilde{V}_N^{(K)}\right| = N^K.$$

Beispiel: Mit einem Byte (8 Bit) sind $2^8 = 256$ verschiedene Zeichen darstellbar.

Die Ergebnisse dieses Anhangs sind in Bild A-1 zusammengefaßt dargestellt.

Art der Auswahl von K aus N Elementen

	Permutationen	Kombinationen	Variationen
ohne Wiederholung	$N!$	$\binom{N}{K}$	$K!\binom{N}{K}$
mit Wiederholung	$\dfrac{N!}{K!}$	$\binom{N+K-1}{K}$	N^K

Bild A-1: Kombinatorik, Anzahl der Möglichkeiten

B Die Fouriertransformation

Die **Fouriertransformation** ordnet einer Funktion $x(t)$ aus einem Funktionenraum U eine Funktion $X(f)$ aus einem anderen Funktionenraum V umkehrbar eindeutig zu. In der Technik wird $x(t)$ häufig als Zeitfunktion interpretiert. D.h. $x(t)$ ist ein reell- oder komplexwertiges Signal.

Definition B-1

Für die integrierbare Funktion $x(t)$ ist durch

$$X(f) = \int\limits_{-\infty}^{\infty} x(t)e^{-j2\pi ft}\, dt \tag{B-1}$$

deren **Fouriertransformierte** *gegeben.*

Bemerkungen:

(i) Der Zusammenhang zwischen $x(t)$ und $X(f)$ wird kurz durch $x(t) \circ\!\!-\!\!\bullet X(f)$ beschrieben.

(ii) Die Fouriertransformation ist zunächst nur für integrierbare Funktionen erklärt. Diese Funktionen bilden einen Vektorraum L^1. Durch den Satz von Plancherel ([KF75], S.436ff.) kann die Fouriertransformation auch für den Raum L^2 der technisch bedeutsamen quadratintegrablen Funktionen eingeführt werden. Signale $x(t) \in L^2$ besitzen endliche Energie. Darüber hinaus kann die Definition der Fouriertransformation auch auf Distributionen erweitert werden ([Wal74], S.155 ff.). Formal gilt überall die Definitionsgleichung (B-1), mit der wir im folgenden auch rechnen werden.

Die **inverse Fouriertransformation** $X(f) \bullet\!\!-\!\!\circ x(t)$ ist durch

$$x(t) = \int\limits_{-\infty}^{\infty} X(f)e^{j2\pi ft}\, df \tag{B-2}$$

gegeben.

Es gelten folgende **Rechenregeln der Fouriertransformation**

1. Linearität

Für beliebige Konstanten c_n und Signale $x_n(t)$, $0 \leq n \leq N$, gilt

$$\sum_{n=1}^{N} c_n x_n(t) \quad \circ\!\!-\!\!\bullet \quad \sum_{n=1}^{N} c_n X_n(f)$$

2. Konjugiert komplexe Signale

$$x^*(t) \quad \circ\!\!-\!\!\bullet \quad X^*(-f)$$

3. Symmetrieeigenschaften

$$x(-t) \quad \circ\!\!-\!\!\bullet \quad X(-f)$$

$$\mathrm{Re}\,\{x(t)\} \text{ gerade} \quad \Leftrightarrow \quad \mathrm{Re}\,\{X(f)\} \text{ gerade}$$

$$\mathrm{Re}\,\{x(t)\} \text{ ungerade} \quad \Leftrightarrow \quad \mathrm{Im}\,\{X(f)\} \text{ ungerade}$$

$$\mathrm{Im}\,\{x(t)\} \text{ gerade} \quad \Leftrightarrow \quad \mathrm{Im}\,\{X(f)\} \text{ gerade}$$

$$\mathrm{Im}\,\{x(t)\} \text{ ungerade} \quad \Leftrightarrow \quad \mathrm{Re}\,\{X(f)\} \text{ ungerade}$$

4. Maßstabsänderung, Skalierung

Für alle $a \in \mathbb{R}$, $a \neq 0$, gilt

$$x(at) \quad \circ\!\!-\!\!\bullet \quad \frac{1}{|a|} X\left(\frac{f}{a}\right)$$

5. Zeitverschiebung

Für alle $t_0 \in \mathbb{R}$ gilt

$$x(t - t_0) \quad \circ\!\!-\!\!\bullet \quad e^{-j2\pi f t_0} X(f)$$

6. Modulation

Für alle $f_0 \in \mathbb{R}$ gilt

$$e^{j2\pi f_0 t} x(t) \quad \circ\!\!-\!\!\bullet \quad X(f - f_0)$$

7. Differentiation der Zeitfunktion

$$\frac{d^n x(t)}{dt^n} \quad \circ\!\!-\!\!\bullet \quad (j2\pi f)^n X(f)$$

8. Differentiation der Fouriertransformierten

$$(-j2\pi t)^n x(t) \quad \circ\!\!-\!\!\bullet \quad \frac{d^n X(f)}{df^n}$$

9. Integration der Zeitfunktion

$$\int\limits_{-\infty}^{t} x(\tau)\, d\tau \quad \circ\!\!-\!\!\bullet \quad \frac{X(f)}{j2\pi f} + \frac{1}{2}X(0)\delta(f)$$

10. Faltungssätze

Für quadratintegrable Signale $x_i(t)$; $i = 1, 2$; gilt

$$x_1(t) * x_2(t) \quad \circ\!\!-\!\!\bullet \quad X_1(f) \cdot X_2(f) \tag{B-3}$$

$$x_1(t) \cdot x_2(t) \quad \circ\!\!-\!\!\bullet \quad X_1(f) * X_2(f)$$

Mit Gleichung (B-3) wollen wir uns etwas näher beschäftigen. Zunächst ist durch $*$ eine Operation, die **Faltung** der Signale $x_1(t)$ und $x_2(t)$ heißt, erklärt. Ausführlich schreibt sich die Faltung

$$x_1(t) * x_2(t) = \int\limits_{-\infty}^{\infty} x_1(\tau)x_2(t-\tau)\, d\tau.$$

Gemäß (B-3) wird aus der Faltung zweier Signale im Zeitbereich im Frequenzbereich das Produkt der zugehörigen Fouriertransformierten. Wir betrachten ein Zeitsignal $s(t)$ mit Fouriertransformierter $S(f)$ und eine Fouriertransformierte

$$H(f) = \begin{cases} 1 & \text{für} \quad |f| \leq \frac{B}{2} \\[2mm] 0 & \text{für} \quad |f| > \frac{B}{2} \end{cases} . \tag{B-4}$$

Die Funktion $H(f)$ charakterisiert einen (idealen) **Tiefpaß**, d.h. ein System, das alle Frequenzen $|f| \leq \frac{B}{2}$ unbeeinflußt läßt und alle Frequenzen $|f| > \frac{B}{2}$ vollständig unterdrückt. Dies wird z.B. durch die Gültigkeit von

$$S(f) \cdot H(f) = \begin{cases} S(f) & \text{für} \quad |f| \leq \frac{B}{2} \\ 0 & \text{für} \quad |f| > \frac{B}{2} \end{cases}$$

deutlich. Bezeichnen wir mit $h(t)$ die inverse Fouriertransformierte von $H(f)$, die sich aus Tabelle B-1 bestimmen läßt, erhalten wir mit (B-3)

$$S(f) \cdot H(f) = U(f) \quad \bullet\!\!-\!\!\circ \quad u(t) = s(t) * h(t).$$

Die Faltung

$$u(t) = s(t) * h(t) = \int\limits_{-\infty}^{\infty} s(\tau)h(t - \tau)\,d\tau$$

stellt das durch (ideale) Tiefpaßfilterung aus $s(t)$ hervorgehende Signal dar. Die hier diskutierten Zusammenhänge sind in Bild B-1 skizziert.

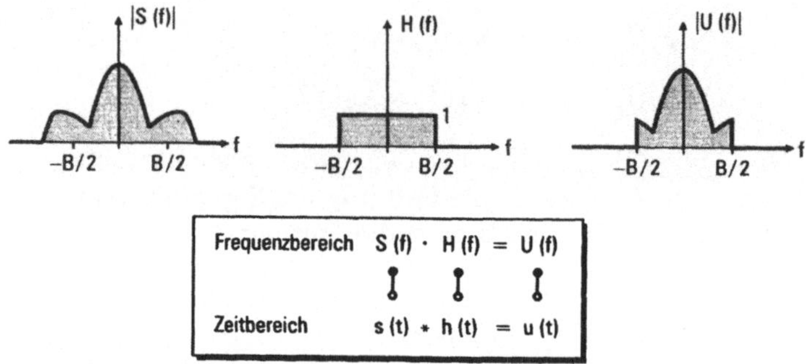

Bild B-1: Idealer Tiefpaß

Die Funktion

$$G(f) = \begin{cases} 1 & \text{für } f_0 - \frac{B}{2} \leq |f| \leq f_0 + \frac{B}{2} \\ 0 & \text{sonst} \end{cases}$$

mit $B \ll f_0$ charakterisiert einen (idealen) **Bandpaß**. Dieses System läßt alle Frequenzen, die von f_0 höchstens einen Abstand von $\frac{B}{2}$ besitzen, unbeeinflußt und unterdrückt alle anderen Frequenzen.

$$1 \; \circ\!\!-\!\!\bullet \; \delta(f)$$

$$\cos(2\pi f_0 t) \; \circ\!\!-\!\!\bullet \; \frac{1}{2}\delta(f + f_0) + \frac{1}{2}\delta(f - f_0)$$

$$F\,\mathrm{si}(\pi F t) \; \circ\!\!-\!\!\bullet \; X(f) = \begin{cases} 1 & \text{für } |f| < \frac{F}{2} \\ 0 & \text{für } |f| > \frac{F}{2} \end{cases}$$

$$e^{-\pi t^2} \; \circ\!\!-\!\!\bullet \; e^{-\pi f^2}$$

$$x(t) = \begin{cases} 1 & \text{für } |t| < \frac{T}{2} \\ 0 & \text{für } |t| > \frac{T}{2} \end{cases} \; \circ\!\!-\!\!\bullet \; T\,\mathrm{si}(\pi f T)$$

$$\frac{1}{2}\delta(t + t_0) + \frac{1}{2}\delta(t - t_0) \; \circ\!\!-\!\!\bullet \; \cos(2\pi f t_0)$$

$$\delta(t) \; \circ\!\!-\!\!\bullet \; 1$$

$$\sin(2\pi f_0 t) \; \circ\!\!-\!\!\bullet \; \frac{j}{2}\delta(f + f_0) - \frac{j}{2}\delta(f - f_0)$$

$$x(t) = \begin{cases} 1 & \text{für } t > 0 \\ 0 & \text{für } t < 0 \end{cases} \; \circ\!\!-\!\!\bullet \; \frac{1}{2}\delta(f) + \frac{1}{j2\pi f}$$

$$e^{-a|t|}, a > 0 \; \circ\!\!-\!\!\bullet \; \frac{2a}{a^2 + (2\pi f)^2}$$

$$x(t) = \begin{cases} e^{-at} & \text{für } t > 0 \\ 0 & \text{für } t < 0 \end{cases}, a > 0 \; \circ\!\!-\!\!\bullet \; \frac{1}{a + j2\pi f}$$

$$x(t) = \begin{cases} te^{-at} & \text{für } t > 0 \\ 0 & \text{für } t < 0 \end{cases}, a > 0 \; \circ\!\!-\!\!\bullet \; \frac{1}{(a + j2\pi f)^2}$$

$$\frac{1}{\pi t} \; \circ\!\!-\!\!\bullet \; -j\,\mathrm{sign}\,f$$

$$j\,\mathrm{sign}\,t \; \circ\!\!-\!\!\bullet \; \frac{1}{\pi f}$$

$$\hat{x}(t) = \frac{1}{\pi} \int_{-\infty}^{\infty} \frac{x(\lambda)}{t - \lambda}\,d\lambda \; \circ\!\!-\!\!\bullet \; (-j\,\mathrm{sign}\,f)\,X(f)$$

$$\sum_{m=-\infty}^{\infty} \delta(t - mT) \; \circ\!\!-\!\!\bullet \; \frac{1}{T}\sum_{m=-\infty}^{\infty} \delta\left(f - \frac{m}{T}\right)$$

Tabelle B-1: Korrespondenzen zur Fouriertransformation

C Die δ-Distribution

Um sowohl stetige als auch diskrete Zufallsvariablen einheitlich behandeln zu können, ist die Einführung der δ-**Distribution** notwendig (vergleiche (4.1-12)). Dieser, auch in [Pap91] verfolgte Ansatz ist zwar mathematisch nicht korrekt, erweist sich jedoch für die Praxis als nützlich.

Mit der δ-Distribution $\delta(\vec{x})$ kann einem Punkt $\vec{x} = (x_1, x_2, \ldots, x_N)^T$ im N-dimensionalen Raum $\mathbb{R}^N$ die Masse 1 zugeordnet werden, d.h. es gilt

$$\int\limits_{\mathbf{R}^N} \delta(\vec{x})\, d\vec{x} = 1. \tag{C-1}$$

Genauer betrachtet ist die δ-Distribution ein stetiges lineares Funktional [Wal74], das jeder Funktion $\varphi(\vec{x})$ seines Definitionsbereichs gemäß der Gleichung

$$\int\limits_{\mathbf{R}^N} \delta(\vec{x})\varphi(\vec{x})\, d\vec{x} = \varphi(\vec{0}) \tag{C-2}$$

ihren Wert im Ursprung zuordnet. Darüber hinaus ergeben sich die Identitäten

$$\int\limits_{\mathbf{R}^N} \delta(\vec{x} - \vec{x}_0)\varphi(\vec{x})\, d\vec{x} = \int\limits_{\mathbf{R}^N} \delta(\vec{x})\varphi(\vec{x} + \vec{x}_0)\, d\vec{x}$$

$$= \varphi(\vec{x}_0), \quad \forall \vec{x}_0 \in \mathbb{R}^N \tag{C-3}$$

$$\int\limits_{\mathbf{R}^N} \delta(a\vec{x})\varphi(\vec{x})\, d\vec{x} = \frac{1}{|a|} \int\limits_{\mathbf{R}^N} \delta(\vec{x})\varphi\left(\frac{\vec{x}}{a}\right)\, d\vec{x}$$

$$= \frac{1}{|a|}\varphi(\vec{0}), \quad a \in \mathbb{R}, a \neq 0. \tag{C-4}$$

Bemerkungen:

(i) Über die Forderungen, die die Funktion $\varphi(\vec{x})$ in (C-2) erfüllen muß, gibt die Distributionentheorie Auskunft [Wal74]. Im vorliegenden Buch wird stets davon ausgegangen, daß die verwendeten Funktionen $\varphi(\vec{x})$ so beschaffen sind, daß (C-2) gilt.

(ii) Es wird empfohlen, als Übung die Gleichungen (C-1) bis (C-4) für den Fall $N = 1$ aufzuschreiben und zu interpretieren!

Die δ-Distribution läßt sich für $N = 1$ z.B. durch eine Folge von Rechteckpulsen

$$\frac{1}{a}\,\text{rect}\left(\frac{x}{a}\right) = \begin{cases} 0 & \text{für} \quad |x| > a/2 \\ 1 & \text{für} \quad |x| \le a/2 \end{cases} \quad , \; a \in \mathbb{R}, a > 0$$

approximieren (Bild C-1). Betrachtet man nämlich die in einer Umgebung des Ursprungs stetige Funktion $\varphi(x)$, ergibt sich

$$\lim_{a \to 0} \frac{1}{a} \int\limits_{-\infty}^{\infty} \text{rect}\left(\frac{x}{a}\right) \varphi(x)\, dx$$

$$= \lim_{a \to 0} \frac{1}{a} \int\limits_{-\frac{a}{2}}^{\frac{a}{2}} \varphi(x)\, dx$$

$$= \varphi(0) \stackrel{(C\text{-}2)}{=} \int\limits_{-\infty}^{\infty} \delta(x)\varphi(x)\, dx$$

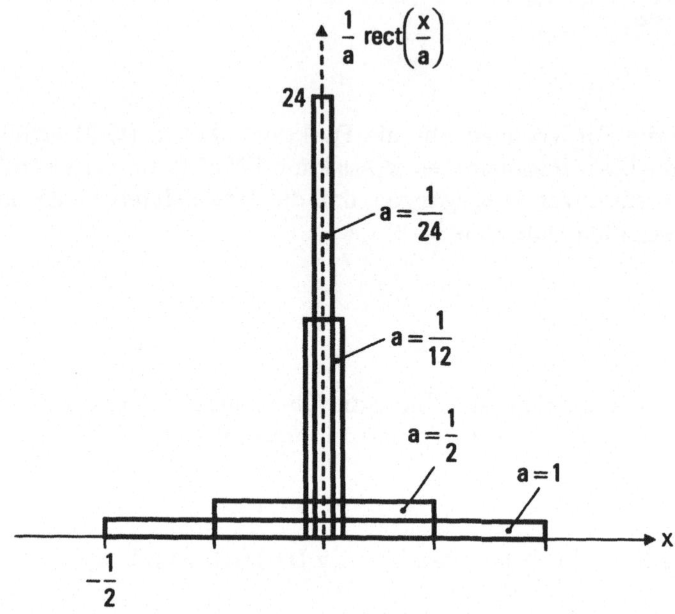

Bild C-1: Approximation der δ-Distribution durch Rechteckimpulse ($N = 1$)

D Tabelle der Standardnormalverteilung

x	$\Phi(x)$	x	$\Phi(x)$	x	$\Phi(x)$
0,00	0,5000000	0,38	0,6480272	0,76	0,7763727
0,02	0,5079783	0,40	0,6554217	0,78	0,7823045
0,04	0,5159534	0,42	0,6627572	0,80	0,7881446
0,06	0,5239221	0,44	0,6700314	0,82	0,7938919
0,08	0,5318813	0,46	0,6772418	0,84	0,7995458
0,10	0,5398278	0,48	0,6843863	0,86	0,8051054
0,12	0,5477584	0,50	0,6914624	0,88	0,8105703
0,14	0,5556700	0,52	0,6984682	0,90	0,8159398
0,16	0,5635594	0,54	0,7054014	0,92	0,8212136
0,18	0,5714237	0,56	0,7122602	0,94	0,8263912
0,20	0,5792597	0,58	0,7190426	0,96	0,8314723
0,22	0,5870644	0,60	0,7257468	0,98	0,8364569
0,24	0,5948348	0,62	0,7323711	1,00	0,8413447
0,26	0,6025681	0,64	0,7389137	1,02	0,8461357
0,28	0,6102612	0,66	0,7453730	1,04	0,8508300
0,30	0,6179114	0,68	0,7517477	1,06	0,8554277
0,32	0,6255158	0,70	0,7580363	1,08	0,8599289
0,34	0,6330717	0,72	0,7642375	1,10	0,8643339
0,36	0,6405764	0,74	0,7703500	1,12	0,8686431

x	$\Phi(x)$	x	$\Phi(x)$	x	$\Phi(x)$
1,14	0,8728568	1,64	0,9494974	2,14	0,9838226
1,16	0,8769755	1,66	0,9515427	2,16	0,9846136
1,18	0,8809998	1,68	0,9535213	2,18	0,9853712
1,20	0,8849303	1,70	0,9554345	2,20	0,9860965
1,22	0,8887675	1,72	0,9572837	2,22	0,9867906
1,24	0,8925123	1,74	0,9590704	2,24	0,9874545
1,26	0,8961653	1,76	0,9607960	2,26	0,9880893
1,28	0,8997274	1,78	0,9624620	2,28	0,9886961
1,30	0,9031995	1,80	0,9640696	2,30	0,9892758
1,32	0,9065824	1,82	0,9656204	2,32	0,9898295
1,34	0,9098773	1,84	0,9671158	2,34	0,9903581
1,36	0,9130850	1,86	0,9685572	2,36	0,9908625
1,38	0,9162066	1,88	0,9699459	2,38	0,9913436
1,40	0,9192433	1,90	0,9712834	2,40	0,9918024
1,42	0,9221961	1,92	0,9725710	2,42	0,9922397
1,44	0,9250663	1,94	0,9738101	2,44	0,9926563
1,46	0,9278549	1,96	0,9750021	2,46	0,9930531
1,48	0,9305633	1,98	0,9761482	2,48	0,9934308
1,50	0,9331927	2,00	0,9772498	2,50	0,9937903
1,52	0,9357445	2,02	0,9783083	2,52	0,9941322
1,54	0,9382198	2,04	0,9793248	2,54	0,9944573
1,56	0,9406200	2,06	0,9803007	2,56	0,9947663
1,58	0,9429465	2,08	0,9812372	2,58	0,9950599
1,60	0,9452007	2,10	0,9821355	2,60	0,9953388
1,62	0,9473838	2,12	0,9829969	2,62	0,9956035

x	$\Phi(x)$	x	$\Phi(x)$	x	$\Phi(x)$
2,64	0,9958546	3,10	0,9990323	4,10	0,9999793
2,66	0,9960929	3,15	0,9991836	4,15	0,9999833
2,68	0,9963188	3,20	0,9993128	4,20	0,9999866
2,70	0,9965330	3,25	0,9994229	4,25	0,9999893
2,72	0,9967359	3,30	0,9995165	4,30	0,9999914
2,74	0,9969280	3,35	0,9995959	4,35	0,9999931
2,76	0,9971099	3,40	0,9996630	4,40	0,9999945
2,78	0,9972820	3,45	0,9997197	4,45	0,9999957
2,80	0,9974448	3,50	0,9997673	4,50	0,9999966
2,82	0,9975988	3,55	0,9998073	4,55	0,9999973
2,84	0,9977443	3,60	0,9998408	4,60	0,9999978
2,86	0,9978817	3,65	0,9998688	4,65	0,9999983
2,88	0,9980116	3,70	0,9998922	4,70	0,9999986
2,90	0,9981341	3,75	0,9999115	4,75	0,9999989
2,92	0,9982498	3,80	0,9999276	4,80	0,9999992
2,94	0,9983589	3,85	0,9999409	4,85	0,9999993
2,96	0,9984618	3,90	0,9999519	4,90	0,9999995
2,98	0,9985587	3,95	0,9999609	4,95	0,9999996
3,00	0,9986501	4,00	0,9999683	5,00	0,9999997
3,05	0,9988557	4,05	0,9999743		

Die Werte sind hinter der 7. Nachkommastelle abgeschnitten.

Literaturverzeichnis

[Bei95] BEICHELT, F.: *Stochastik für Ingenieure*. B.G. Teubner, Stuttgart, 1995.

[Bei97] BEICHELT, F.: *Stochastische Prozesse für Ingenieure*. B.G. Teubner, Stuttgart, 1997.

[Bey95] BEYER, O., ET. AL.: *Wahrscheinlichkeitsrechnung und mathematische Statistik*. B.G. Teubner Verlagsgesellschaft, Stuttgart, 1995.

[Böh98] BÖHME, J.F.: *Stochastische Signale*. Studienbücher Elektrotechnik. B.G. Teubner, Stuttgart, 1998.

[Bos95] BOSCH, K.: *Elementare Einführung in die Wahrscheinlichkeitsrechnung*. Vieweg & Sohn, Braunschweig, 1995.

[Bos96] BOSCH, K.: *Klausurtraining Statistik*. Oldenbourg Verlag, München, 1996.

[BS70] BRONSTEIN, I. und K. SEMENDJAJEW: *Taschenbuch der Mathematik*. Verlag Harri Deutsch, Zürich, 10. Auflage, 1970.

[Fis70] FISZ, M.: *Wahrscheinlichkeitsrechnung und mathematische Statistik*. VEB Deutscher Verlag der Wissenschaften, Berlin, 1970.

[Hän97] HÄNSLER, E.: *Statistische Signale*. Springer–Verlag, Berlin, 2. Auflage, 1997.

[Hen97] HENZE, N.: *Stochastik für Einsteiger*. Vieweg, Braunschweig/ Wiesbaden, 1997.

[Hid80] HIDA, T.: *Brownian Motion*. Springer–Verlag, Berlin, 1980.

[Jon91] JONDRAL, F.: *Funksignalanalyse*. Studienbücher Elektrotechnik. B.G. Teubner, Stuttgart, 1991.

[Jon01] JONDRAL, F.: *Nachrichtensysteme*. J. Schlembach Fachverlag, Weil der Stadt, 2001.

[KF75] KOLMOGOROFF, A. und S. V. FOMIN: *Reelle Funktionen und Funktionalanalysis*. VEB Deutscher Verlag der Wissenschaften, Berlin, 1975.

[Kol33] KOLMOGOROFF, A.: *Grundbegriffe der Wahrscheinlichkeitsrechnung*. Ergebnisse der Mathematik und ihrer Grenzgebiete. Verlag v. Julius Springer, Berlin, 1933.

[Kre79] KREYSZIG, E.: *Statistische Methoden und ihre Anwendungen*. Vandenhoeck & Ruprecht, Göttingen, 7. Auflage, 1979.

[Kro96] KROSCHEL, K.: *Statistische Nachrichtentheorie*. Springer-Verlag, Berlin Heidelberg, 3. Auflage, 1996.

[Pap91] PAPOULIS, A.: *Probability, Random Variables, and Stochastic Processes*. McGraw–Hill, Inc., New York, 3. Auflage, 1991.

[Pro95] PROAKIS, J.: *Digital Communications*. McGraw–Hill, Inc., New York, 3. Auflage, 1995.

[Rén71] RÉNYI, A.: *Wahrscheinlichkeitsrechnung*. VEB Deutscher Verlag der Wissenschaften, Berlin, 3. Auflage, 1971.

[Sch87] SCHWARTZ, M.: *Telecommunication Networks*. Addison–Wesley Publishing Company, Reading (Mass.), 1987.

[Wal74] WALTER, W.: *Einführung in die Theorie der Distributionen*. Bibliographisches Institut, Zürich, 1974.

[Web92] WEBER, H.: *Einführung in die Wahrscheinlichkeitsrechnung und Statistik für Ingenieure*. B.G. Teubner, Stuttgart, 1992.

Index